每一本好书，都是黑暗中的一道亮光。这一道道亮光，将汇聚成孩子成长路上的引航灯塔。

学习语文，三分得益于课内，
七分得益于课外。 ——吕淑湘

一个多读书的人，其视野必然开阔，
其志向必然高远，其追求必然执着。 ——朱永新

读书不是为了应付明天的课，而是出自内心的需要和对知识的渴求。
——苏霍姆林斯基

阅读习惯，是孩子一生的财富

让阅读变成一种习惯的五步法

工具 / 原料

- 一生也读不完的书
- 一颗安静的心
- 对生命火热的激情

方法 / 步骤

一 保持心态

时刻保持一种渴求知识的心态，时刻保持一种愉悦开朗的心态，时刻保持一种对生活有火热激情的心态，多看一些比较有趣的书。

二 制订计划

可以三天读一本书或者一个星期读一本书，最关键的是你要认真读，而不是敷衍或者走马观花，因为那对你毫无用处。

三 收获成果

在计划的时间内，你能阅读的书籍可以不多，但是不能完全没有收获，你一定要去体会书里的意境与精神。

四 坚持阅读

一天又一天、一年又一年的阅读会让你产生一种阅读习惯，你的气质会随着阅读量变大而显得更加不同，这能让你在不同的场合里脱颖而出。

五 施展影响

你的阅读习惯会影响周围的人，周围的人都会被你带动起来的，这会让你的阅读之路变得更加长远，这样的影响不仅对你自己有益处，对其他人也有很大的帮助。

注意事项

- 每天坚持一点点，每天收获一点点

名师教你如何阅读名著

——感受语言魅力，提升语文素养

第一步，培养阅读名著的兴趣。

面对厚厚的《西游记》《水浒传》……很多学生觉得无从入手，兴趣索然。针对这种情况，我们需要培养读名著的兴趣。

名著经过了时代的考验，无论是思想上还是艺术上都很有价值，读名著可以开阔视野、丰富知识、陶冶情操，对自己的一生起着重要的作用。我们所熟悉的许多中外文学家、作家，他们之所以能够成功，都与他们青少年时期爱读名著有着密切的关系。比如我们都非常喜欢的冰心奶奶，在七岁时就开始苦读《三国演义》《聊斋志异》《西游记》等；曾获得过诺贝尔文学奖的黑塞，其阅读生涯则是从《鲁滨孙漂流记》开始的……

第二步，学会有层次地阅读名著。

名著中知识丰富，只读一遍往往吸收不了其中深刻的精神和意义。因此，我们在阅读时要遵循由表及里、由浅入深的原则，在反复阅读中感受名著的语言魅力。可以先粗读，了解一下作者和作品所处的时代背景；再深读，充分理解作品的思想内容、艺术特点，欣赏品味优美句段。

第三步，养成阅读名著、模仿写作的习惯。

每读完一部作品后，可以选取书中最吸引或最能打动自己的一段故事情节作为参照，练习模仿写作。如《骆驼祥子》一书中的景物描写与心理描写十分突出，我们可以选择从这两个方面来模仿练习。"……一阵风吹过，绿叶急速地打着转，然后摇摇头又伸直了。雨点落下来打在它的身上，将它用力往下按，而它在一阵急雨过后却又挺起了腰……终于又是一阵风夹着雨扫过来，树枝被摇得猛烈颤抖，而那绿叶却死死地抓住树枝奋力向上挣扎着，似乎身上的每一个细胞都在跳跃在呐喊，在争取自己最后的生存机会……"这一段文字就是模仿书中祥子在狂风中拉车的一节。文字描写细腻，赞颂了经历风雨考验的绿叶的顽强精神。

这样的练习，能够帮助我们巩固和深化对名著内容的深层次理解和感悟，更能激发阅读名著的动力，提高我们的语文素养。

> 书籍是人类的编年史，它将整个人类积
> 累的无数丰富的经验，世世代代传下去。
>
> ——欢耶里

专家名师审定委员会

崔 峦

著名教育专家，全国小学语文教学专业委员会理事长，教育部语文课程标准专家组核心成员，人民教育出版社编审。

苏立康

著名教育专家，原中学语文教学专业委员会理事长，北京市语文教学研究会理事长。国家教育部中小学继续教育教材评审专家，曾宪梓奖获得者。

张在军

全国著名语文特级教师，中小学生阅读教育研究专家，中国教育学会"中华人文读书活动"办公室主任，曾荣获"全国十佳教师"称号。

钱守旺

全国著名特级教师，国家级骨干教师，原中国人民大学附属小学副校长。中国教育学会"十一五"《名师教学思想与教法研究》总课题组核心专家。

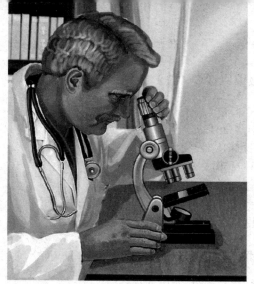

语 文 新 课 标 必 读 丛 书

细菌世界历险记

高士其 / 著

余良丽 / 主编

知识出版社
Knowledge Publishing House

图书在版编目（ＣＩＰ）数据

细菌世界历险记 / 高士其著；余良丽主编. -- 北京：知识出版社，2015.6
（语文新课标必读丛书）
ISBN 978-7-5015-8645-5

Ⅰ.①细… Ⅱ.①高… ②余… Ⅲ.①细菌–青少年读物Ⅳ.①Q939.1-49

中国版本图书馆CIP数据核字（2015）第137306号

细菌世界历险记

出 版 人　姜钦云
责任编辑　周水琴　万　卉　王茜芷
装帧设计　游梽渲
出版发行　知识出版社
地　　址　北京市西城区阜成门北大街17号
邮　　编　100037
电　　话　010-88390659
印　　刷　桓台县德业图文有限公司
开　　本　650mm×920mm　1/16
印　　张　13
字　　数　160千字
版　　次　2015年6月第1版
印　　次　2019年10月第9次印刷
书　　号　ISBN 978-7-5015-8645-5

定　　价　26.00元

读书不仅是一种示范，更是一种引领。

我为什么需要文学？

我想用它来改变我的生活，改变我的环境，改变我的精神世界。

——巴　金

语文新课标必读丛书编选特色介绍

本套语文新课标必读丛书依据"新课标"整理。在编选过程中，我们去掉了原著中晦涩难懂的内容，保留了那些最经典的故事情节；我们用下划波浪线标注出精彩的词句，便于广大学生反复诵读和借鉴；有些难以理解的词语，我们都做了注释，能帮助广大学生更好地理解文意。

希望本套丛书能够带给广大学生美好的阅读体验，让他们在阅读的旅途中看到美景无限，收获多多。

◎最权威的无障碍阅读范本

——设置字词释义、批注点评、导读赏析、知识与考点等板块

教学一线名师结合实际教学重点、难点和高频考点，扫清学生在生难字词、阅读理解、感情思考等方面存在的阅读障碍，让每个学生彻底读透名著！

◎"新课标"推荐经典阅读书目

——素质阅读与教学考试相结合

所选作品部部精品，权威编译，引领学生们感受不朽经典的语言魅力，树立广阔的阅读视野与卓越的欣赏品读能力，在潜移默化中提升整体语文素养。

◎最受广大师生欢迎的名著读本

——全国名校班主任、语文老师和广大学生极力推荐

在全国多所名校进行师生试读体验，根据广大师生的意见和建议进行了多次反复修改而最终成书，被评为"最受师生欢迎的名著读本"！

附：名著阅读专项规划方案

阅读阶段	阅读要点	新课标必读推荐	阅读量与阅读方法
第一阶段	流畅阅读阶段（7~8岁）。在这个阶段里学生的知识、语法和认知能力是很有限的，所以阅读的内容不应复杂。	《唐诗三百首》《成语故事》《稻草人》《中华上下五千年》《木偶奇遇记》《伊索寓言》	读4~8本名著（兼顾中外），以简单与兴趣阅读为主，每周不少于6小时，以便从小养成良好的阅读习惯。
第二阶段	获取知识阶段（9~13岁）。在低年级阶段可以阅读不必专业知识辅助就能够理解的书籍；高年级阶段需要增加阅读的复杂性，以提高知识的积累。	《西游记》《水浒传》《三国演义》《海底两万里》《城南旧事》《鲁滨孙漂流记》《汤姆·索亚历险记》《安徒生童话》《格林童话》	阅读不低于8~15本左右的名著。应遵循由浅入深的原则，逐渐提高整体的鉴赏能力。精读3种名著，每周不少于6小时。
第三阶段	多角度了解人生阶段(14~18岁)。从一个初级阅读者逐渐成为一个成熟的阅读者。积累知识，提高自己的理解与思考能力，形成个人的认识。	《骆驼祥子》《童年》《简·爱》《钢铁是怎样炼成的》《假如给我三天光明》《老人与海》《朝花夕拾·呐喊》	这一阶段是人生品质形成的重要时期，结合整体素质品质（如意志、乐观、尊严等），进行重点阅读，以形成分析、思考、综合判断能力。每周阅读不少于6小时。

名师导航

认识作者

高士其，福建福州人。1925年毕业于清华大学，1927年获美国芝加哥大学化学学士学位，1930年又毕业于美国芝加哥大学医学研究院。1931年回国，历任中央医院检验科主任，桂林盟军服务处技术顾问、食品研究所所长，《自然科学》副主编，一级研究员。全国第一、二、三、四、五届人大代表，中国科协顾问、常委，中国科普创作家协会名誉会长，全国文联委员，中国作家协会理事，中国人民保护儿童全国委员会委员。1934年开始发表作品。1952年加入中国作家协会。1988年去世。

内容梗概

《细菌世界历险记》是中国科普作家高士其的代表作，主人公乃是无处不在的细菌。文中的细菌是一个随遇而安、活泼乐观的小家伙，它通过一次次惊心动魄的历险过程，向人们讲述了它的源头、与人类的关系、细胞繁殖等故事。

虽然细菌已经存在了几千万年，但故事要从20世纪开始说起。进入20世纪之后，人们发现了细菌的存在，并由此引发了一连串的设想。小主人公细菌也在人们的设想中经历了一次次的冒险奇遇。

细菌原本在世界的各个角落中快乐地生活着，可是有一天，它却被多事的美国人发现了。他们对它进行了一系列的猜测，有人把它关在小玻璃塔内，天天研究；有人则是对它进行火刑，想要找出消灭它的办法……

但细菌不会傻傻地待着不动，等着人类去研究。它们与人类一样会走，会跑，还会搭车呢。细菌就像西方的吉卜赛民族，流浪成性，到处为家；又像早期聪明的犹太人，散居在异地谋生。饿了，细菌就去最棒的餐馆——人身上饱餐一顿。正因为如此，在细菌的世界中流传着这样一句话："人类的肚肠，是细菌的天堂，那儿有吃不尽的血粮。"

细菌，可别小看它们，它们可是吃血的小霸王，说不定现在，就有几个"兄弟姐妹"在你的胃肠中旅行呢。

主要艺术形象

菌儿：本书中最重要的角色。它是个体积很小很轻的淘气精灵。"我们很轻，轻到几十万个兄弟姐妹挂在一只苍蝇上，它也不会察觉。真的，就连苍蝇的眼睛都比我们大了不止1000倍，就连一粒小小的灰尘都要比我们重上100倍哩。"它在世界上存活了几千年，能够适应各种环境，除了沙漠和高温。它喜欢四处漂泊，是地球的清道夫，能够吃各种食物，喜欢生活在阴暗潮湿的环境中。它的繁殖速度非常快，家族庞大。

泪：爽快，毫不退缩，不安分，对眼睛非常负责任，充满感情，同时又自作多情。"古今诗人、雅士，在吟诗作赋时，都少不了说一两句伤心话，话中所表达的含义——不是断肠，就是落泪，几乎非泪不足以表达其多情。而泪也就自然而然地变成了多情的产物。泪与茶相比，它可是清高多了。"

气味：灵敏，恃强凌弱。"一味被另一种味道所压迫、所遮蔽、所中和。所以两种混合在一起的味道，我们经常可以闻到其中的一种味道，而另一种味道就被我们给忽略掉了，正如尸体的味道经过石炭酸的洗浸之后，就只能留下石炭酸的气味了。"

细胞：繁殖能力超强，简单，单纯。"细胞是生命的最小单元，是生命最简单的代表。不论是穷得像细菌或阿米巴一样，只有一个细胞一条性命，或是富得像树或人一样，浑身上下有着数以万计的细胞，它们都能长生不老。"

目　录

菌 儿 自 传

我的名称 ……………………………………………………… 2

我的籍贯 ……………………………………………………… 7

我的家庭生活 ……………………………………………… 13

无情的火 …………………………………………………… 19

水国纪游 …………………………………………………… 26

生计问题 …………………………………………………… 33

呼吸道的探险 ……………………………………………… 38

食道的占领 ………………………………………………… 45

肠腔里的会议 ……………………………………………… 52

清除腐物 …………………………………………………… 60

经济关系 …………………………………………………… 70

细 菌 与 人

人生七期 …………………………………………………… 80

人身三流 …………………………………………………… 85

色——谈色盲 ……………………………………………… 93

声——声中话耳鼓 99

香——谈气味 104

味——说吃苦 108

细菌的衣食住行 114

细菌的大菜馆 118

细菌的祖宗——生物的三元论 125

毒菌战争的问题 131

清水和浊水 136

细 胞 的 不 死 精 神

细胞的不死精神 143

单细胞生物的性生活 149

新陈代谢中蛋白质的三种使命 157

灰尘的旅行 162

温度和温度计 166

土壤世界 169

血的冷暖 177

星际旅行家离开地球以前 180

谈 寿 命 184

庄稼的朋友和敌人 187

◎读 后 感 191

◎考点精选 195

◎参考答案 198

菌儿自传

导　读

　　细菌可以说是人们最为厌恶的事物，是一种极为抽象的东西。在这里，小小的细菌进行了一番自白，从它的身世到姓名的来历，都自行介绍了一番。那么，细菌究竟有着怎样不为人知的一面呢？

　　这篇文章，可是我最为诚恳的自述，下面，我将会请出一位和我有着几面之缘的人，作为我的写手。

　　我自己不会写字，写出来，蚂蚁也不会看到的。

　　我也没有说过话，就是发出"很大"的声音，苍蝇也不会听到的。

　　那么，这位我请出来记笔记的人，他又是如何倾听我说话的呢（开头提出问题，给读者留下充分的想象空间）？

　　好吧，就先让我保留一点儿悬念吧！

　　废话少说，现在就让他来讲讲我为什么叫作"菌儿"吧。

　　我本来想给自己取名为微子，可惜在中国的古代，已经有人用过这个名字了，而且我感觉"子"字比较大人气，而"儿"字却显得很谦卑。

　　中国古代的皇帝，都喜欢自称为天子。这明明就是依仗着老天爷的名声，来管理群众，好让百姓们不敢反抗。而古时候的圣贤名哲，也喜欢称自己为"子",比如老子、庄子、孔子、孟子……这样看来,"子"字真的很名贵,也太大模大样了,倒不如"儿"字来得小巧亲和。

我的身躯,小到微不足道(真实贴切地写出了细菌的身体之小)。人家从一粒"细胞"开始,然后积成几千、几万、几万万,进而堆积成一棵小草、一棵白菜、一株生长茂盛的大树,或者是一条蚯蚓、一只蜜蜂、一条大黄狗、一头牛,甚至是一头大象、大鲸等,看得见,摸得着。可是再看看我呢,也是从一粒细胞开始的,虽然说分裂得较快些、较多些,但是这也怨自己不争气、不团结,每天挤来挤去,像一盘散沙一般,孤单单的,一颗一颗,寒酸死了。说来可真是惭愧①,所以我自己取名为"菌儿"。取"儿"的原因,主要是因为小。

说起"菌"字的来历,可是大有来头的,也很有历史了。著名爱国诗人屈原所著的《离骚》中提到:"杂申椒与菌桂兮,岂维纫夫蕙茞(让文章更具说服力和权威性,吸引读者的眼球)。"这里提到的"菌",指的是一种香木。屈原是一个不得志的人,所以用它来比喻贤者,讥讽楚王。至于我的老祖宗,到底有没有那么清高②,那么香气逼人,这谁也不知道。

不过,现代科学家也都已经做了研究,认为菌是生物中的一大类。菌族菌种,种类很多也繁杂,菌子菌孙,分布在地球的每个角落。你们人类最为熟悉的,就是煮菜煮面所使用的蘑菇香蕈之类的菌。那些长得像个小纸伞似的东西,有一个黑黑圆圆的盖子,一个又硬又短的柄,这可是我们菌族里的大汉。不过还是奉劝你们要小心!千万不要因为美味而忘了毒,因为有些大菌可是不好惹的,稍不留神,便会要了贪吃人的命。

至于我,我只是菌类里面最小、最轻的那一个,用肉眼根本看不到。你们能够看得见细微的灰尘,却看不到在里面漂游的我。我们很轻,轻到几十万个兄弟姐妹挂在一只苍蝇上,它也不会察觉。真的,就连苍蝇

---

① 惭愧:因为自己有缺点、做错了事或未能尽到责任而感到羞耻。

② 清高:纯洁高尚,不慕名利,不同流合污。现多指不愿合群,孤芳自赏。

的眼睛都比我们大了不止 1000 倍，就连一粒小小的灰尘都要比我们重上 100 倍哩（生动形象地描绘出细菌微小的形态）。

所以，从我的祖先开始，一直到现在，细菌家族在生物界中混迹了几千万年，竟然没有一个人知道我们的存在。那些大的生物，都瞧不见我，根本就不知道这个世界上还有一个我。

罢了，不知道也好，还没有人打扰我快乐的生活呢。谁知道，后来竟然有一位多管闲事的人发现了我，然后还将我的秘密暴露了出来。从那之后，我的事情就越来越多了。

这个消息传开之后，人们都慌张起来了，认为我比黑暗里的影子还要可怕。可是这种可怕却是无形的，因为你们从来都没有和我见过面。你们带着莫名其妙的恐慌，带着半信半疑的态度，来质疑我的存在。

"'微生虫'是什么东西？我只是受了风寒，肚子疼而已，哪有那么多事儿？"

"病虫？别开玩笑了，这都是上火惹出来的，所以头上脸上都生出疖子疔疮来了。"

"就算是有寄生虫，但是也不可能那么凑巧，就爬到人身上来，我看，你这病只是因为体内湿气太重的原因。"

这可是我亲耳听到三位病患对三位医师所说的话，我在一旁笑得肚子都要疼了。

在他们的观念里，病不是风生，便是火起，不是火起，便是水涌。却不知道，在这大千世界中，其实还有我的存在，或许他们忽略了我存在的力量。

因为他们无法看见我，所以还疑神疑鬼地喊着："有鬼啊，有鬼啊，有狐妖，有狐妖！"

其实，在这个世界上，哪里有那么多的魔物，他们口中的鬼和狐妖其实就是我。我不是鬼，也不是什么狐妖，我只是一个实实在在、活灵活现的生物，一种最小、最轻的生物。

那么，既然是生物，怎么会和人类有这么大的仇恨呢，又为什么会天天害人生病，时时暗杀人命呢（承上启下，引起下文）？

说起来也话长，我真的是有冤无处说啊，那么在这一篇自述文里，我可要把握好机会，为自己分辩个明白，不过，这只是后文，暂时不提了。

因为大多数的人们都没有见过我，而关于我的身世，他们也是一知半解，道听途说，最终致使传闻失真，对于我也就少不了一通胡乱地称呼。

虫，虫，虫——寄生虫、病虫、微生虫，其中都有一个字不对。我又不是什么动物的分支，何来"虫"这个字呢。

现在，我拜托大家能不能不叫我寄生物、微生物了，行吗？这样太笼统了。毕竟担得起这两个名字的又不止我一个。

也不要叫我病毒，好吗？这样太没有生气了。我虽然很小很轻，但是我也是有生命的啊。

病菌，那更不行，这只是我的罪名，病却不是我的职业，只算是我非常时的行动，这可真是对不起了（通过语言描写的艺术手法，让人们对细菌有了更深层次的了解）。

没错，没错，微菌也是，细菌也是。这些都是我的名字，听上去有些正统，并不符合人们的口头语，并且还带了一点儿西洋气，只是将姓名颠倒过来了而已。

其实菌才是我的姓。我属于菌中的一族，菌则属于植物中的一类。

菌字，口字头上一把草，口内又有一个禾，这样就很充分地表明了菌属于植物中的植物。这才是寄生植物的本色。

我属于寄生植物中最小的儿子，所以才甘愿称为菌儿。所以，如果我们有机会相见的话，千万不要大惊小怪，只需要从容地跟我打声招呼，叫我一声菌儿。

阅读鉴赏

　　身为人见人厌的细菌，人们总会将各种恶心的名字加诸在它的身上，而这些都不是它愿意的。更为可笑的是，人类误解了细菌这么多年，打乱了它原本平静的生活方式，最后却连个辩解的机会都没有留给它。如果它再不站出来的话，恐怕是没有人能帮细菌洗刷冤屈了。

　　文章运用第一人称来叙述细菌的自白，将小小的细菌拟人化。还在多处使用比喻和对比等艺术手法，生动形象地描写了细菌的外表和特征，将细菌心中的"委屈"描写得淋漓尽致，好像面前有一个小小的细菌在向你哭诉，非常生动。

拓展阅读

微 生 物

　　微生物属于一种用肉眼看不到或者是看不清楚的微小生物，个体比较小，结构简单，一般情况下要在光学显微镜下才能够将它们观察清楚。微生物主要包含病毒、细菌、酵母菌、霉菌等。不过，也有一些微生物用肉眼是可以看到的，就像真菌里面的蘑菇、灵芝等。

我的籍贯

导　读

　　细菌的籍贯、发源地、起始时间等，引起了人们的诸多猜测。菌儿用自己独特的语言向人们介绍了它漂泊的旅程，介绍了关于它身世之谜的几种说法，最后它还很大方地将其祖先搬出来介绍给大家认识。

　　菌姓家族，多少总不能和植物脱离关系吧（暗示细菌与植物之间有一定的关系）。不过，因为气候的不一样，植物也是有地方性的。如果将热带的树木移到寒带里面生存，我想这棵植物是没有福气到达寒带地区了。你们一看到芭蕉、椰子等之类的植物，肯定知道它们是从南方来的，而苹果、梨等类的水果则是产自北方，这是谁也无法辩解的事实。

　　而菌儿却是属于全球的，不管在地球上的哪一个角落，只要存在水汽和"有机物"，我就能够安家落户，绝不夸张。

　　我原本就是一个流浪者。就好比西方的吉卜赛民族，游荡成性，四处为家，到处流浪；又像东方的游牧民族，和水草相依，随水草搬移；也像犹太人，丢失了自己的国家，在世界各地到处散居，不过却能够各自繁荣起来。

　　我还是地球的清道夫，可以替大自然清除已经腐烂掉的动植物尸体，

整个地球都是我工作的范围。

我跟着空气的浮动而浮动。有一次，我在高空 4000 米的地方飘游，突然遇到了一位满脸胡子的科学家，他专程驾着氢气球来寻找我的踪迹。那个时候，我的身体太轻，飞起来由不得自己，最后，我被他收入到一只玻璃瓶子里，将我带到了他的实验室里。那一次我可真是遭了大罪了。

我又跟着雨水浸入到泥土里面，不过也要时时面临着被冲走的危险。后来我跟着大水进入江河湖沼里了。江河湖里面的水实在是太淡了，我并不喜欢，因为它不能满足我的口味，无法让我饱餐一顿。

不过，我还抱有一个希望：我希望能够有一个大娘大姨或一个贫困妇人，在挑水的时候，将我一起挑走，去淘米洗菜、洗碗洗锅；也希望能有位农夫工人，将我一口气喝下肚，让我通过各种各样的途径，到达人类的肚肠，因为那里是我的天堂。在那里，我能够远离饥饿的恐慌。

可是，事实往往并不像想象中那样美好，这也只能怪我太不识相了，不懂得安分守己，在吃饱喝足之后，还祸害人家的肚子，让人们感受到了我。于是，我意识到，这一次闯大祸了。那个人将我吃下肚之后，他的肚子就一直痛，于是便吃了蓖麻油之类的泻药，或者是遭受了灌肠这种罪，所以不是油滑便是排便，让我没有了立足之地。随着人类的排泄物，我被排出了体外。

<u>从那之后，我又开始了颠沛流离的生活，就好像难民一样，幸亏我还不至于饿死，还能够辗转回到土壤里</u>（表现了细菌经常过居无定所的日子）。

刚回到土壤，我一时间也找不到食物，于是便以空气中的氮气为食，暂时充饥，有时我还会把这些氮气转化成硝酸盐，直接和豆科之类的植物交换营养。如果碰到了动物或者是人类的尸体，那么我可是有福气了，我能够几个月甚至是几年不挪动身体，都可以吃上美食。

天晓得，20 世纪以来，美国的一些生物学者竟然将土壤中的我也发掘出来了。有一次，我还被他们带到实验室化验去了。

现在，我就说说他们所认为的我的来历。有的人认为，泥土才是我最终的家乡，还有的人认为我常年居住在水里，也有人认为我是属于空气的，甚至有人说我是常年居住在他们肚子里的。

这些都是他们根据自己的实验所得到的报告。

其实，我不只是在人类的肚子里面定居，人们身上不干净的地方，有伤口的地方等，都是我求食借宿的地方。所有生物的身体，不管是热血还是冷血，我都能够在里面生活。只要环境不是太干燥或太炎热，我都能够顽强地生存下去。

地球上最干燥的地方要属沙漠了，那可是我最不喜欢的地方。古代埃及帝王的尸体之所以至今都没有腐烂，是因为我从来不踏足那里，再加上他们使用防腐剂，就更是使我退避三舍了。

如果温度在 60℃以上的话，我就没有活力去东奔西走了，如果温度在 100℃的话，那我可就要一命呜呼了（列举数字，表明了细菌惧怕高温的特点）。暖血动物是我最喜欢的，因为他们的体温基本都在 37℃左右，这可是我最喜欢的温度了。

热带地区潮湿温暖，那里是我活动最活跃的地区，也是生活最小资的地区。所以也有人会以为我的家乡是在热带。

据说，中国和印度是世界上人口死亡率最高的国家，于是人们对于我自身又有了新的猜测，认为我的国籍不是中国就是印度。

经过一番探索后，有一位欧洲科学家站起来说，菌儿是属于荷兰的。

他的依据是，在 17 世纪之前，人类还不知道我的存在，后来在荷兰德尔夫市政府的看门老头子的家里第一次发现了我。

这就要从公元 1675 年开始说起了。

可不要小看了这位看门先生，他可是制造显微镜的能手。经他制造的显微镜，都是由一些单一镜头磨成的，并不像现在的这样复杂和笨重，而且他制造的镜头放大力和现代科学家的相比，绝不含糊。我就亲自领教过这些镜头的本领，所以心里很是清楚。

这个看门老头儿没事儿的时候便找一些小东西，比如苍蝇的脑袋、蚊子的眼睛、植物的种子、跳蚤的脚、臭虫的刺，甚至自己皮肤上的皮屑等，将这些东西放在镜头下观察，那个时候我就混在里面，有好几次都险些被他发现我的影子。

东躲西藏的日子让我备受苦楚，可是依旧没有逃过他的法眼。没过多久，我还是被他发现了。

有一天，是雨天吧。我就在一滴雨水里面游泳，可是谁能够想到，就是这样一小滴雨，他都能够拿去放在显微镜下观察。

很显然，他发现了正在水中游动的我。这让他很惊奇。他认为我是从天上降下来的小动物，他反复地观察，反复地看，像疯了一样。

还有一次，这个老头又异想天开地将自己的齿垢弄下来一点点放在显微镜下观看，这下可了不得了，我整个身体都出现在了他的面前。他因此知道了原来我也经常潜伏在齿缝里面，随时准备分吃一点儿"入口货"。这次我可真是太不幸了，竟然被他给捉住了，让我的族人保持了几千万年的秘密，全部都曝光了。

我在显微镜底下，东躲西藏，希望找到一个能够藏身的地方，可惜没有。最后他看得眼睛都红了，而我也已经身心疲惫了。显微镜下一片大大厚厚的水晶上，映出了老头灼灼如火的目光，真的非常可怕。

> 表明细菌暴露在显微镜下时的不安。

后来这怪老头还将我的形象画在了纸上，写了一封长长的信，将我的消息报告给了伦敦"英国皇家学会"。没过多久，关于我的信息就传遍了欧洲各地，所以，一直到现在，欧洲人还认为我是荷兰籍呢。他们认为发现我的地方就是我的发祥地，这可真是大错特错了。说实话，我只是路过这里，在这里住住，在那里逛逛；飘飘然而来，渺渺然而去，我四处漂泊，没有特定的地方，所以关于确认籍贯这个问题，还是有点儿困难的。

不过，我并不认为这是一种遗憾。鲁迅笔下所写的阿Q，那种有模有样的乡下人尚且渺茫，更不用说我这又轻又小的生物了。我一直都不被人们所重视，又去哪里寻找相关记载和历史根据呢！

不过，既然造物主创造了我——这个生物中的小玲珑，自然也应该是有原因的，并不是无中生有的。那么，对于我的籍贯，若是从生物起源这个问题上追查，或许能够找出一点儿头绪，不过这个问题也不是短时间内就能够解决的。

最近，科学家用电子显微镜和科学装备，发现了原始的生物化石。距今 31 亿年的非洲南部前太古代地层中，科学家们发现了长约 0.5 微米的杆状细菌遗迹，据说这是发现的最为古老的细菌化石。那么，这也算是为我们菌儿一族找到原始的祖先了。从现在开始，我的祖籍也就有证据可查了。

阅读鉴赏

一些自以为是的科学家，总以为了解细菌的籍贯。可是他们哪里知道，在温带和热带地区，只要有生物存在，都有细菌的影子。而关于籍贯一说，更是无稽之谈，哪能因为在哪儿发现的它就把它定为"哪里人"呢？这对于其他地区的姐妹是何等的不公平啊！所以对于籍贯一事儿，还是让细菌自己解释吧，免得被一些"别有心"的人越描越黑。

文章运用生动有趣的语言，向人们简单介绍了菌儿的身世之谜，感情丰富，结构严谨，用词准确，巧妙地写出了小小的细菌的无奈和坚强，这也为下文的描写做了很好的铺垫，吊足了读者的胃口。

拓展阅读

显 微 镜

显微镜主要是由一个或者是几个透镜组合而成的一种光学仪器，也是人类进入原子时代的标志。显微镜的主要作用就是将微小的生物不断地放大，直到让人们用肉眼能够看到为止。显微镜主要分为光学显微镜和电子显微镜。1590 年，荷兰的杨森父子首创了光学显微镜。如今的光学显微镜能够将物体放大至 1600 倍，最小的极限分辨为 0.1 微米。

我的家庭生活

导　读

　　有一天，菌儿被科学家们带到了实验室，菌儿挣扎过，也试着逃跑过，但最终都是做了无用功。与其这样，倒不如安安稳稳地待在那里享受有吃有喝的生活。菌儿在实验室里究竟是怎样生活的呢？菌儿逃离了实验室之后又是怎样生活的呢？

我正在水中游荡，空中飘零，

轻哼着对生命的赞歌，

这是对大自然的赞美；

突然飞来了一阵尘埃，

那些拿着枪箭的人类突然降临，

生物都像是惊弓之鸟般散去了。

稍微慢一点儿便会丢了性命。

有的成了刀下亡魂；有的则是受了重伤；

有的成为终身的奴隶；有的则是饱了饥肠。

大地上，漫山遍野的呻吟挣扎声，

一阵阵的哀号让我不忍细听。

最后，在这不平中，我落荒而走。

我因为太小太轻，所以人们根本就不容易发现我，这也让我偷偷度过了几万年的时光。虽然在 17 世纪的时候，我被人发现过一次，幸好那个人是欧洲的学者，只是把我当成科学的小玩意儿，将我放在显微镜上，瞪着那铜铃般的眼睛（生动地表现了科学家认真研究细菌时候的模样），仔仔细细地观察着。不过，幸好他并没有细究我的性状，所以也就没有发生什么大事儿。

就这样，又过了 200 年的时光，有一位法国的怪学究，将我定义为人类生病的病菌，要彻底和我算算账。

很不幸，我被囚禁了，被关在了那个无情的玻璃小塔里！

我看到了他满脸的大胡子，真是憎恨极了（形象而生动地写出了菌儿被带进实验室之后的不满与愤怒）。我知道，我的末日到了。

或许是因为我的种子太多，根本不容易杀尽；或许他们认为将我杀了，也就断了家族的线索，再也找不到第二个菌儿，所以他们暂时将我养在这个玻璃塔里面，延续我可怜的生命。

这个小玻璃塔里，暖暖的，他们供给我食物，这倒是很方便，让在外流浪的我，也感觉到安心多了。从进入玻璃塔到现在，我已经待了 60 多年的时间了，而这一段时光，就暂时说成是我的家庭生活吧。

当然，家庭生活和流浪生活本身就是对立的。

可是，这个小小的玻璃塔对我来说，就是一个带有牢狱的家庭，我就像笼子里的鸟儿，花瓶里面的花儿，困在这个家庭中的牢狱，有些时候竟然是坟墓里了。哎，这下可是上了科学家的当了。

虽说上当，不过还是有好的一面，通过这一次，或许还能够解开人类和我的误会，那么人们也就会对我谅解了。

将牢狱当作家庭，

将怨恨当作怜爱，

将误会当作同情，

面对人类，或许这是最好的办法。

这个小小的玻璃塔，浑身透明，亮晶晶的，一尘不染，烈火攻不入，水也流不出，外表就是一层薄薄的玻璃。还有那圆圆的天窗，窗口塞了一团棉花，能够通气，但是我却无法逃出去。

说出来也奇怪，这塔口的棉花塞，虽然有无数的细孔存在，气体也能够来去自如，就好比《封神榜》里面的天罗地网，《三国演义》里的八阵图，但不管我的本领再大，总也冲不出去，玻璃塔就像是渔网一样，我就像鱼儿一样，这张渔网将我牢牢地套住了，不管我怎样挣扎就是无法逃脱（比喻手法的运用，生动形象地描述了菌儿困在玻璃塔内，无力逃脱的场面），所以那些人根本就不用看着我，因为他们对自己的技术还是很放心的。

我习惯了户外的生活，对于实验室中的气温，我原本还觉得很舒适。不过有时候刚从人畜身上出来，回来时便感觉有点儿冷了。

所以，实验室里的人，还特意为我建造了一间暖房，房子里的温度和人体温度是一样的，门口还带有一只按时计温的电表，表针一旦脱离了37°的常轨，那么看守的人就会过来调整一下，生怕我受了冷。

记得有一次，一个大胡子的学徒，去乡下考察的时候带上了我。为了不让我受冷，他给这个小玻璃塔穿上了衣服，穿了一层又一层，包裹得严严实实，最后还放进了他内衣的小袋袋里，用他的体温为我保温，真是贴心极了。虽然玻璃塔知道学徒是为了保护体内的菌儿才对它如此呵护备至，但是它依然很享受这种感觉（通过拟人手法的运用，说明"我"的重要性）。

科学先生还给我准备了各种各样的食物，种类繁多。或许他们想要通过这样的方式来试探我到底喜欢吃什么。他们还配置了各种汤，各种膏，比如羊脑汤、牛心汤、糖膏、血膏之类。其中还包含一种海草，称为"琼脂"，营养价值很高，不过我可吃不动这东西，顶多就是摆摆样子，当个装饰罢了。

他们还怕不符合我的口味，于是在里面加了盐，加了酸，煮了又滤，滤了又煮，消毒再消毒，有些时候还会掺杂一点红色或者蓝色的色料，照顾得可谓周到（生动形象地描述了科学家所付出的巨大努力）。

血可是我最爱吃的食物，不过生血血气太旺，死血又太硬，这都不是我所喜欢的，那些半生不熟的血才是我的最爱。于是实验室里的那些大保姆，又把那鲜红的血膏，放在温度不是很高的热水里烫，瞬间它就成了一块美味的巧克力，很是诱人。这才是我最喜欢的食品。

然而，有一次，他们喂我吃了一种又苦又辛的药汤，说是为弄清楚我身体里的化学结构而准备的。那药汤是由很多单纯的无机和有机化合物组成的，这里面含有细胞所必需的十大元素。

这十大元素可是所有生物细胞的共有物。

碳是主要的元素；

氢、氧、氮则次之；

钾、钙、镁、铁，为第三；

磷和硫在最后。

在我数不尽的种子里面，各自都有各自的癖好①，有的喜欢食用有机之碳，比如说蛋白质、淀粉之类；有的则是偏爱无机之碳，比如二氧化碳、碳酸盐之类；有的则喜欢吃阿莫尼亚之氮；有的喜欢吃亚硝酸盐之氮；有的则对硫比较钟爱；有的则是喜欢铁。于是，科学家们根据我们各自的喜好，适量增减各种元素的成分，所以现在看来，那碗药汤，也就没有那么难吃了。

我的呼吸很特别。在日常生活中，我主要是吸收空气里的氧气。有些时候因为氧气的刺激性太大，氧化力太强，所以我也会自己躲在低气压的角落里，暂时躲开它的锋芒（表现出了细菌为逃避氧气对自己的伤害而小心翼翼的样子）。那些黑暗潮湿的地方是我繁殖的最佳条件。对于一个就快腐烂②的东西，我敢打赌，它一定是从底部开始烂起的。有时候我也会完全忘记了氧气的存在，这主要是因为我自己的细胞就会从食料中吸取氧的成分，而且这样还比较方便。在氧气下暴露得太久，反而会给我的生存带来巨

---

① 癖好：对某种事物的特别爱好。

② 腐烂：有机体由于微生物的滋生而破坏。

大的威胁。纵观整个生物界，不需要氧气而能够自主生存的，恐怕也只有我们这个家族了。不过，这对于饲养我的人来说，并不是好事，因为对于他们来说，我们就像一个大麻烦，让他们很是头疼。

我的食量非常大，见到可口的食物，就会不停地吃下去，直到将食物吃光吃尽为止。如果给我一头大象或者是一头鲸鱼的尸体，任由我吃的话，就算是花上五年十年的工夫，也会将它们全部吃掉。地球上的一些动植物的尸体，都可以交给我这个自然清道夫，我保证将它们收拾得干干净净。更何况这个小玻璃塔内的有限食物。

于是这就忙坏了亲爱的科学家先生，他得用白金丝挑了我，搬来搬去，这样也就浪费了很多亮晶晶的玻璃小塔，还有很多的棉花、汤和膏。三天一换，五天一移的，生怕我会绝食。

最后，他们又想到了一个好办法，把我关在了冰箱里，让我去那里安家了。受到寒气的我，只能可怜巴巴地缩成一个小团，不会消耗能量，也就不需要进食了，这样绝食几个月都没有关系。我很纳闷，这个秘密他们是几时发现的呢？

在冰箱里的这段日子，我也算是冬眠了。<u>不过我的冬眠可不像北极熊那样有规律，我是随着科学家先生的兴致的，并非是我自己愿意的</u>（对比手法，突出表现了冬眠的身不由己）。我冬眠为他们省了不少的财力，害得我挨饿受冻的，这肯定都是科学资本主义者的手段。

对于寒冷的接受程度也和我的年龄有关系。年龄越小就越害怕寒冷，年龄越大也就越不害怕寒冷了。这个规律和人类貌似恰恰相反。

从前大胡子和他的大徒弟们，都认为我有不老的精神，有着永生的<u>力量：据说我每20分钟，就会分化成2个；8小时之后，就能够变成16000000个；24小时之后，也就会有500吨的重量了。这样下去，整个地球不都是我的了吗</u>（很直观地表达了菌儿超强的分裂性和繁殖能力）？

如今，大胡子已经离开了人世，他的徒子徒孙却对我有了不同的看法。

他们认为，我的一生也分为少、壮、老三个时期，这主要是依据营养的盛衰、生殖的快慢以及身材的大小、结构的繁简而确定的。

科学家先生真是用心良苦啊，我在他们的悉心照顾下，无忧无虑、快乐地生活着，每天都"乐不思蜀"。

阅读鉴赏

文章运用了比喻、排比等修辞手段，通过细节描写、动作描写、列举数字等方式具体阐述了菌儿生活的细节，包括菌儿生殖的能力和速度。因此，我们人类对菌儿有了更进一步的了解，这对我们以后的生活和健康将非常有益。

拓展阅读

二氧化碳

二氧化碳是空气中常见的化合物，其化学分子式为 CO_2。在常温下，二氧化碳是一种无色无味的气体，密度要比空气稍大一些，能溶于水，和水反应生成碳酸。固态的二氧化碳俗称干冰。二氧化碳也是温室效应的主要制造者。

无情的火

导　读

　　菌儿在实验中承受着地狱之苦，每一次实验人员都要让细菌经受一次生与死的考验，这让小小的细菌如何承受得了？经受了巨大痛苦的细菌陷入深思，"我"究竟是怎么来的呢？是自然生发还是经过其他的什么程序呢？

　　从进入小玻璃塔之后，我以为以后应该能够过一段安稳的日子了。

　　可是没想到，从白天到黑夜又到了白天，我在这个拘留所里面已经待了整整一天了。我饱餐一顿后，正懒洋洋地躺在牛肉汁里休息，突然这个玻璃塔晃动起来。有一阵热风钻了进来，窗口处的棉花塞不见了，接着还从屋顶处放下来一条又粗又长、明晃晃的、热烘烘的白金丝，金丝一端还有一个圆环，好像救生圈一样，将我钩出了塔外。

　　这下我有点儿心慌了（表明了细菌的不安，为下文做铺垫）。我看到一位比较面熟的科学家先生，坐在那长长的、黑漆漆的实验桌旁，周边还围着五六个穿白衫的青年，这么多双眼睛就直盯在我的身上。

　　这位面熟的先生放下了玻璃小塔，在一片明净的玻璃片上滴了一滴清水，之后用右手握住白金丝，将我送进了一滴清水里，然后又用了什么不知名的东西大涂大搅，整得我晕头转向。

这滴清水对于我来说就像是一个大游泳池，可是一瞬间，池里的水全部干掉了，于是我知道我的祸事儿来了。

我看到那酒精灯上的青光，心扑通扑通地跳起来。

果然不出我所料，那位心狠的科学家先生将我从火焰上来回穿了三次，让这片冰凉的玻璃，变得滚烫起来。我能够感觉到，身上的油衣都要脱化了。在这种滚烫的温度下，我是生不如死，连我身上的细胞都已经被烤烂了，最后我经不住这样的折磨，晕死过去。

据说，后来这位科学家先生还让我在酒里洗澡，在酸里浸染，在碘汁里泡着，最后竟然还给我喝了色汤，让我的身体一会儿变成黑紫色，一会儿又成了大红色，这些都是为了方便检查我的身体，熟识我的形态。那个时候我已经失去了知觉，所以也只能任由他们摆布了，我还有什么办法呢？

从那之后，每隔一天或者是一星期，我都要被科学家们提出来严刑拷问一番，受尽了火刑。

火，又是无情的火，好像我的痛苦经历，都是和火有关的。这不得不让我想到以前的经历了（承上启下，引出下文，引发读者阅读兴趣）

我原本是跟着生冷的食物流浪的。

在远古时期，人类都是喝生血的。那时候的食物检查并不像现在这么严格，我也能够自由自在地跟着那些生冷的食物进入人体内。

自从那个传说，即不知道是第几任的中国帝王，就是那个发明了钻木取火的燧人氏，教育老百姓要吃熟食，这给我的生存可是带来了不少的麻烦呢。曾经一度因为这个问题，我恐慌了好大一阵。

幸亏这些老百姓并没有太当回事儿，就说炒肉片吧，炒得半生半熟，也不管三七二十一就往嘴巴里塞。不然就是碗筷还没有洗干净就拿着去盛菜，或者是放置了好几天的菜，味道都变了，也舍不得扔，这也就给我制造了大量"走私"的好机会。他们都不知道我就在碗里生存着呢。

当温度太高的时候，我自然是不敢靠近的；然而一旦温度降下来，我就来了。不过，除此之外，我还有一个得力的助手，那就是蝇大爷和蝇大娘。

我从肚肠里出来后，便碰到了蝇大爷。我上前紧紧搂住蝇大爷的腰，或者牢牢抓住他的脚。我跟着他飞到了菜盘里，只要他在菜盘上稍微一停，我就能够趁机钻进热腾腾的饭菜中，虽然有些热，不过不碍事，我忍得住。

我正吃得高兴时，突然听到头顶上有一个牧师在念叨："上帝呀，您是万能的主啊！您创造了亚当和夏娃，还创造了地球上无数的鸟兽鱼虫、花草树木，让这些来服侍他们，您可真是很伟大啊！不过，您真的是用了六天的时间创造出这么多的生物吗？您的时间够用吗？您第七天之后真的没有什么新作品吗？"

"近些年来，有一些学者已经对您产生了质疑。他们怀疑有一些小动物并非是由您而创造出来的。它们其实可以从腐烂的食物中自动生成，比如说萤火虫、苍蝇、黄蜂、甲虫甚至是小老鼠等，都是这样生出来的。特别是苍蝇，苍蝇那小公子确实是从茅厕里面蹦出来的呀！"

我听了这番话后，暗自觉得好笑。

这已经是 17 世纪之前的事情了。那个时候，人们可不知道苍蝇大娘也会下蛋的，就算是见到了，恐怕也不知道是什么（表明那时人们对苍蝇没有太多的研究，所以认识程度不深）。

在 1688 年的夏天，有一次，我随着苍蝇大娘外出旅游，到了意大利一位生物学先生的书房里。苍蝇大娘停在一张铁纱网的面上，在上面跳来跳去，四处张望。这时，我只是闻到了一股肉香味，却没有看到肉的影子。苍蝇大娘更着急了，它将我踢到那铁纱网的下边去了。哦，原来肉在这里！

这就是这位生物学先生所用的计策了。可是他能够阻止得了苍蝇，却无法阻止我。小苍蝇虽然进不去，不过这一锅肉还是酸了、烂了。

从那之后，苍蝇的秘密也被人们发觉了。为了生计着想，我更是想尽了办法，无孔不入。

我也不能一直依赖着苍蝇生存，它们就连自己的生计都要保不住了！于是我也经常游荡在空气中，自己单独去寻找食物。

那是 1745 年的秋天，我只身飞到了爱尔兰，走进了一位天主教神父的家里。那时，他正在烧着一大瓶的羊肉汤，我闻着这肉味，怦然心动。我想尽快地钻进肉里，可是又害怕那滚烫的温度，所以就没敢上前去。神父将肉煮好了之后，放在桌上，我刚要上前，突然，那瓶口被他用一个木塞子给堵上了。我绕着塞子查看了一番，看到木塞处有一个弯弯的大隙缝，于是便钻了进去。

刚开始的时候，还是有点儿热的，过了一会儿也就凉了下来。不一会儿，这肉汤又热起来，肉汤乱滚了一个时辰，这才停歇了。我在里面也受了不少的折磨，差点儿丢了性命。这往外一看，更是吓得我魂儿都没了，原来那神父将这羊肉瓶子放在火焰上烘烤！烧了大约有一个小时的光景。

幸好，我躲过了这一劫。逃过了这一关，那我可就要痛痛快快地吃上一顿了，我把这瓶羊肉汤搅得不成样子，就好比是河水中的飞絮一般，在水里上下浮沉。随后，这个神父拿起瓶子来看了看，然后将一滴羊肉汤放在显微镜下仔细观察，观察完之后，又自言自语起来："刚才我已经将羊肉里面的生命烧死了，为什么还有这么多呢？这很明显是从羊肉汤里面自己生出来的呀！"

我听了又好气又好笑。就这样，又过了 24 年。

借教士之口交代杀死细菌的方法，也说明了当时科学的进步。

1769 年的冬天，意大利的一位秃头教士发出了声音，反对这种"自然发生学说"。他认为："那位神父的实验根本就不精确，木塞没有堵好，加热的时间也不够。应该用密不透风的东西将瓶口堵住，应该给瓶子加热两个小时以上才可以，这样才能够更好地证明……"

我听了之后，心里很是吃惊。一来我担心以后捞不到食物吃了，二来这可能会给我带来灭顶之灾啊。

因为我的起源问题，神父和教士反目，学者和教授切齿。刚开始他们都不知道我到底出身何处，家在哪里。其实那些腐烂的菜或者肉，都是我的杰作。而他们却瞎说瞎猜，生出很多无中生有的科学谣言，什么"生长力""氧化作用"等一堆的论文，其实这些黑暗的主动者都是我，全部是我，也只有我！

这又好像诸葛亮和周瑜施计打败曹操一样，这些科学家们开始用火来攻击我，想要以此解开我身上的秘密。

火，又是火，它真的把我害得好惨啊！

这样，一闹便闹了一个世纪，一直到了 1864 年的春天，直到那位著名的大胡子先生，才将我的这番问题给彻底解决了。

说来，这个大胡子倒是有些本事，称得上细菌学里面的姜子牙了。而我在这里也就不详谈他的故事了。

就说有一次吧，我又来到了他的实验室里。这次却没有被请出去，

而是让我在里面自由自在地飞起来了。

我看到桌子上排列着二三十瓶透明的黄汤，有肉香，有甜味。每一只的瓶颈就好比丹顶鹤的脖子一般，很细很长，中间弯了一大弯，最后又抬起头来。我从一只瓶口处飞进去，可是走到一半的时候，因为碰到了玻璃壁，很滑很腻，我使出浑身力气都没有爬进去，这下真苦了我，只好放弃了！

这大胡子先生一年要来回看几十次，看到桌子上的黄汤仍然是清清明明的，阳光照射在上面，显得很是通透、可爱，这时他脸上就会出现笑容。

这么一来，他就推翻了"自然发生说"，他的这种做法让我根本进不到瓶子的里面，这样不管是什么肉汤还是菜汤，永远都不会坏了。

于是，大胡子近似疯狂地带着这几十瓶的肉汤，到处寻找我的踪迹。去巴黎的大街上，去乡村的田野里，去天文台屋顶的房子里，去黑漆漆的地窖里，去瑞士，去阿尔卑斯山（表明了科学家为了弄清真相，做出了很多努力）。大胡子发现当空气越稀薄，灰尘越少的时候，我的踪迹就会越少，也就越难寻觅。

他到处找我，我并不怪他。只是他将我放在瓶子里面加热，这是我最为忌恨的事儿了。他将我烧到110℃，烧到120℃，甚至是170℃，总的算起来，烧了一个多钟头呢！

火，又是无情的火，我的所有惨痛都离不开它啊！

现在虽然大胡子已经不在了，而我却永远地被囚禁在这个玻璃小塔里，受尽了折磨，瓶口处的棉花，就是大胡子想出来的法子。至于火的势力，唉，别提了，真是越来越旺了。

火，无情的火，实验中的火，医院里的火，检疫处的火，四处都是火。那么火真的能够将我烧死吗？我看最多也就像秦始皇焚书一般。

我的儿孙布满全球各地，不管是陆地、大海还是天空，都有它们的踪迹。只有彻底摧毁了整个地球、万物，才能够将我的族群真正地消灭。

阅读鉴赏

人类就是如此，为了解开自己的疑惑，不惜一切代价将细菌关进了牢笼里面。然而他们不仅不懂得善待它，还用火来对它进行实验。要知道，它是最怕火的，人类也是无情的，完全毫无顾忌。人们将一切罪恶的源头归结在它的身上，想要用"火"将它的家族全部摧毁，这可真是天方夜谭啊。

文章运用了拟人、排比、比喻的手法，向人们诉说了细菌的生成和演变，诉说人们为了研究出细菌的真正来源所做的一切努力。可是人们却忘记了一点，细菌是存在于各个缝隙中的，甚至一颗很小的微尘中，都有细菌的存在。要想把细菌真正消灭，除非到了地球万物全部毁灭的那一天。

拓展阅读

地　窖

地窖所依据的就是土的热惰性，需要防水、防潮和通风，还要建立通风道。地窖一般是在地下挖出一个圆形或者方形的洞，深浅不一。一些 L 形的地窖，放置储物的洞最浅不得低于 2.5 米，上下通道一般为 4 米左右。一字形的地窖则是适合水位比较浅的地方，挖好之后，在上面用木棍撑起来，盖上麦秆等类的植物，上面再用土盖上。

水国纪游

导　读

　　在水中，"我"恣意舒畅地来回游玩，各种各样的水体都有"我"的身影，多种多样的水王国都留下了"我"的足迹。那是一种怎样的幸福呢？请跟随"我"的脚步，一起体会……

　　实验室的火快要将我烧焦了。我渴望水来救济，期望水来浸洗，否则我真的要成为庄周所说的"涸辙之鲋"了。

　　无情的火处处将我灼伤，有情的水令我留恋（对比手法的运用表现了"我"与水火之间的关系）。天地间只有水最为多情！这时，中国的灾民听后，可能就有些不同意了。

　　"你看那滔天大水，将我们的田舍淹没，水哪儿还有情呢？"

　　这是由于自大禹之前，中国就没有一个能够治水的人。而大禹顺着水性去治理，将江河泛滥的问题解决了。

　　中国的古人曾写了一部《水经》，可惜的是我没有读过；但是我知道一定将我这一门——水族中最为繁盛的生物给遗漏了。我深深明白水性的生物。

　　水，我似乎听见了你不平的流声，我在昏睡中被惊醒！

五月的东风，卷来了一层层密密麻麻的黑云，将太平洋的天空给遮住了。

我听到黄河的怒声，扬子江的喊声，珠江的吼声，一起奔入大海，将那翻天的白浪击破。

这万千的水声，洪大，激昂，而且悲壮，敲动着我微弱的胞心，鼓动了我疲劳的鞭毛。

水，我对你，有着遥远而深厚的感情，我原本就是水国的居民。

水，你是那光荣的血露，是那神圣的流体！

据说耶稣基督也曾经受过你的洗礼。

你会将地面上的一切万物都冲洗。

水，你的浊与你的清，我都喜欢！

浊水中，富含丰富的有机物，我可以尽情地受用。

清水中，氧气充足，我虽然饿肚皮，却能够延长寿命（用简洁的语言介绍了细菌在清水和浊水中的生活状态）。

气候暖，腐物就多，我就能够快速繁殖。

气候冷，腐物就少，但我也能够安然地度日。

气候热，腐物不足，我若吃得太快，那么生命就变得很短暂了。

水，什么水？自然是雨水。雨水将我从飞雾浮尘中，带到了山洪、溪涧、河流、沟壑中。大雨一过，我就遍布在下界的水里了（这段描写很巧妙地引出了下文细菌在水中的生活）。

我想起了阿比西尼亚（阿比西尼亚就是现在北非的埃塞俄比亚）雨季的滂沱。墨索里尼，这个法西斯头子就算吞并了阿国，也不能消灭那滂沱，更不能阻止我从土壤进入江河。雨季连绵下去，雨水早已"澄清"了天空，"扫净"了大地，低洼处的我，虽然不会再增加，有的时候，反而被那后天降的纯净的雨水逐散了，但是大江小河，这个时候已经浩浩荡荡地满满地带着我（生动形象地刻画出江河中细菌非常多的样子），这将要给那些不注意饮食的人群以非常大的不安啊！

27

水，什么水？原来是雪水。我曾经听到胡子科学家先生扬扬得意①地说过，山巅的积雪中找不到我。我当然不会去那又寂寞②又荒凉的高峰生活，那些将化还没有化的美雪，仍旧是我冬眠的最好选择。在雪花飞舞之时，遇见了很多的灰尘，我再一次伏在灰尘身上了。瑞典的京城，处在寒带而且多山，日常饮用之水，都是从高出海面 160 米的一个大湖中取来的。平常的时候，湖水还算干净，但是阳春一发，雪块融化的时候，就会拖泥带土而下，卫生局派工作人员来检查，说一声"糟了"！我想，这又是我活动的原因吧！

水，什么水？是浅水，是山泽、池沼以及所有低地的蓄水。最深的不足 5 尺（1 米等于 3 尺），寂静而且不大流动。我偶尔会跟着垃圾堆进去，但是，我不太喜欢住在那里，那里是蚊大娘的娘家，可不是我的安乐窝。

特别是在夏季，强烈的太阳光照得我全身无力，头脑发昏。我最为害怕的就是太阳中的那些"紫外光"，它们是残酷的杀菌者。在深不足 5 尺的死水，真是让我叫苦不迭（真实准确地说明了细菌极度惧怕紫外线的事实），因为没有地方躲藏了。5 尺之外的深水才能够暂避它的光芒。最好上面还有一层污物，将那太阳光挡住！

对于那些带点儿酸味的山泽的水，我也不大喜欢。瀑布冲来的山林间的腐木烂叶，浸成了木酸叶酸，太具有刺激性了。

倘若这些浅水中，有水鸟鱼鳖的腥气，人粪兽污的臭味，那又成了我所喜爱的了。

水，什么水？是江河的水。江河的水承载着我的粮船，也承载③着我的家眷。来自印度的恒河，是一条有名的"霍乱"河；来自法国的罗尼河，

---

① 扬扬得意：形容十分得意的样子。

② 寂寞：冷清孤单；清静。

③ 承载：承受支撑物体。

也曾经是一条有名的"伤寒"河；来自德国的易北河，也是一条历史上著名的"霍乱"河；而来自美国的伊利诺河，又是一条以前著名的"伤寒"河。"霍乱""伤寒"以及"痢疾"，都是世界驰名的水疫，是由我的下属与人类进行暗斗的时候而发生的。

至于中国的江河，自然也不例外。大的暂且不说，光是上海那一条乱七八糟的苏州河，每到春夏两季的时候，我每天都会率领着眷属在那河水中洗澡，畅快淋漓（说明细菌家族很享受这样的生活），只是你们自己没有察觉而已。

有人说：江河的水能够自清。这简直就是诅咒我的话。这要么是在骂我早点儿饿死，要么是在讥笑我会在河中自杀。我不去自尽，江河的水怎么可能会清呢？

但是，在那么肥美的河江中心游来游去，是一件非常快乐的事。我怎么可能会无端自杀呢？当然了，也根本不可能会白白地饿死。

但是，毕竟河水是自清了。一位来自美国芝加哥大学的老教授，曾在那高高的讲台上说过这样的话：当他在三十壮年之时，刚刚从巴黎游学回来，对我非常感兴趣，曾经沿着伊利诺河的河边，对我的行动进行检查。他在上游看到我是那样的神气，那样热闹，差不多每一滴河水中都围着一大群；到了下游，就逐渐地变得稀少了；到了欧地奥的桥边，我就变得更无精打采了。那个时候，他心下细思量，这真是太奇怪了，这河中的微生物是怎么变少的呢？难道河水自己能够将细菌杀死吗？

河水对于我而言，本来就有恩无仇。但是河水中经常潜伏着两种坏东西，对于我的生存造成了很大的威胁。它们也是微生物。但我看它们就是微生物界的捣乱分子，专门与我作对。

一种比我大一些的生物，它们是动物界中的小弟弟，被科学家先生称为"原虫"，并且恭维它们做虫的"原始宗亲"，我看它们根本就是污水烂泥里的流氓强盗（比喻手法的运用，表现出细菌对它的厌恶）。我最讨厌的就是那鞭毛体的原虫。它的鞭毛，比我的粗而且大，也活动得厉害，只要那么一卷，

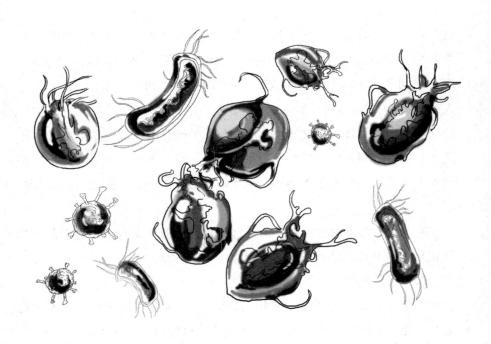

就能够将我一口吞掉并消化了。

它的家庭建立在我的坟墓上，真让我恨！

还有一种比我还要小上几千倍的生物，它们能够自由地在我身体中钻来钻去，能够胀破我那原本已经非常紧的细胞，所以科学家先生就称之为"噬菌体"。听到它的名字就已经明白，它是与我作对的。它真的可以说是小鬼中的小鬼！

水，什么水？是湖水。<u>平平的，静静的，如明镜，像树影一样蹲在那里，白天为太阳哥哥拂尘，晚上为月亮姐姐洗面，没有船儿去搅动它，没有风儿去动摇它，绝对不起任何波纹</u>（形象地描绘出了湖水十分安静，没有一点儿水纹的样子）。在这时候，我也知道湖上没有什么好玩的，也就偷偷地沉到湖底归隐去了。

这个时候，科学家先生在湖面上是找不到我的，在湖心也找不到我，于是他又认为那静止的湖水有着自消的能力。

但是，一旦游人来了，游船开了，在酣歌醉舞里，瓜皮和果壳胡乱抛弃，鼻涕与痰四溅的时候，那湖水的情形就又变得不一样了。

水，什么水？是泉水，是自流井的水，是地心喷出来的水。那水才算是清。那里我是不会轻易走近的。那里有数不清的石子沙砾将我的鞭毛绊住，将我的荚膜牵住，不放开。这一条路，是水国中最难通行的道路，有的时候，我也会冒险向前冲，但是大都半途就落荒而逃了。

水，什么水？是海水。这是一种咸而且苦的盐水。<u>咸鱼、咸肉、咸蛋、咸菜，但凡咸过了七分的东西，我就有点儿不爱吃了，最合我的胃口的咸度，就是血、泪、汗、尿等那些人身上的水流</u>，现在这海水就是纯盐的苦水，我又怎会愿意喝呢（列举说明了细菌在食物方面的喜好）？

但是，海底是我的第一个故乡，那里有我的亲戚故旧，我曾经接受过海水几千万年的浸润。如今我虽然飘游四方，偶尔回一次老家，尽管故乡的风味变咸了一些，但还是有点儿让我流连，不忍离开。

有的时候，我在水中会发光，因此在海上行船的人，在黑夜中，时不时地就会看见那一望无阻的海面中，在漆黑的月夜的映衬下，闪烁着点点磷光，那里面就夹着一星半星的微弱的光，没错，那就是我。

自从我和雨水告别之后，一路上弯弯曲曲，看到了很多风光人物：不忍心看那残花落叶在水中的荡漾，又对那一群鸭鼓掌大唱而感到好笑；不忍心听那灾民的哭爹叫娘声，又对那诗人的投江感到惋惜！

　　五月的东风，

　　吹来了一片片乌云，

　　将太平洋的天空遮满。

　　我来到了大海，

　　观着江口与河口的汹涌澎湃。

　　涌起了中国的怒潮！

　　冲倒了对岸的狂流！

　　击破了那翻天的白浪！

　　洗清了人类的大恨！

看到这儿，我想，那些大人们之间争权夺利的大厮杀，与我这微生物小子有什么关系呢？

阅读鉴赏

　　细菌能够生活在各种不同的水体环境中，在江水、湖水、海水等水体中，都能寻找到细菌活跃的身影。从小溪到江河再到大海，水在流动，细菌也会随着水进行旅行。但是，细菌不能生活在山巅上的积雪里、泉水里，也不喜欢生活在咸咸的海水里。细菌害怕紫外线，它们有两个敌人：原虫和噬菌体。

　　文章以第一人称自述了作为细菌的"我"与各大水体之间发生的故事，详细地讲述了"我"的喜好，说明"我"不是在任何的水体环境都能生存的。文章语言优美、轻松、活泼，好像放电影一样，可以让读者快速地领略细菌的水国纪游。

拓展阅读

霍　乱

　　霍乱属于一种急性腹泻疾病，是由霍乱弧菌引发的，夏季是其发病的高峰期。霍乱可以在数小时之内造成人腹泻脱水，甚至导致死亡。临床上主要表现为，在一到两天的潜伏期之后，病人忽然出现无痛水泻，然后常常伴随有呕吐的现象。倘若不补充水分和电解质，就会造成休克。其治疗方式主要是补充水分和电解质以及使用抗生素。

生计问题

导　读

　　关于细菌的生计问题，你可曾想过？它们都吃些什么？生活在什么样的场所？海中？动物腹中？人体内？垃圾桶内？是的，都有可能。在人类眼中，这一切是不是非常神奇呢？

　　游览完了水国之后，我就躺在海洋之上，倾听着波涛的荡漾，仰望着白云在飘游，对于它们的自由，我非常羡慕！

　　海风吹起了浪花。浪花无力将我送到云霄之上，而那海水又过于咸了，不好吃。我对此真的感觉有点儿苦恼了。

　　我只能期待着那些鱼儿，它们会鼓着鳃儿将我吞下去。鱼儿如果被渔夫捕到，我就会伏在鱼腹中，就有机会再到岸上去了。到了岸上，我的生活就不会再发生恐慌了（表明细菌对

33

陆地生活的向往和期待，也反映出它在海上生活的艰辛）。

我在厨子先生清洗鱼肚之时，可以一溜就"溜到"垃圾桶中去。在垃圾桶中，我与生物社会的接触就多了，谋食也就变得容易多了。

如果不幸没有溜过去的话，那我就有了混在生鱼粥中，到广东人口中的希望了。总而言之，我先在半生半熟的鱼身中偷偷地活着，然后再到那半臭半腥的人肚中寄生。但是，当我对人体胃肠中那种沉闷的生活厌倦之后，就会痛快地跟着大便出来了。

经过很多曲折的途径，用不了多久，我就可以与我的家人亲友再一次回到土壤的老家进行团聚了。

在这里，我需要补叙一下，在没有到岸上之前，那海鱼肚子中的环境，有时候对我是有害的，因为它们的消化能力实在是太强大了。

于是，我又趁着潮水的高涨，回到江河中，去求助那些淡水鱼，顺便还结交了螃蟹、虾、蛤、蚌、螺等这些人类非常爱吃的水中生物，请求它们帮忙提拔提拔，它们也全都答应了。其中，蚝似乎与我的交情最深。它在污水中每小时一收一放的水量，竟然可以达到两升之多。我也就混在那污水中一起进去，它的螺壳就成了我临时的住宅。

据说，岸上有不少人，因为吃了一些没有煮熟的蚝，都患上了伤寒病。那科学家先生又开始怪我了，说什么蚝之类的生物是我暗杀人类的秘密机关。对于这个，我以后当然是要申辩的，在这里就不再多说了（设置悬念，引发读者阅读兴趣）。

话说，我已经从水国回到了土乡，每天都望着那放着异彩的浮云，非常逍遥自在。我渴望与它郊游，但是那个时候，地上仍然非常湿，连我身上的鞭毛，都被泥土粘住了，挥舞不动，又怎么能远走高飞呢？虽然有时候，我也会攀着苍蝇的毛腿出游，但是它们总是低着头飞，最多也飞不上半里路，就停下来将我一脚给踢落到地上了。尽管我在地上不愁吃不愁穿，但是我关于天空的幻想，又让我盼望着秋天的到来。那个时候，秋高气爽，特别是中国故都的北平（北京在1936年的时候被称为北平），与美国中部第一大城密歇根湖畔的芝加哥，这两个有名的"灰尘的都市"，每当到了秋冬，就会刮起大风，天空中飞扬着漫天的沙尘，那时我就能骑在沙尘身上高翔了。风力益健，我竟然直飘上青天4000米之上，那固然是十分罕见的事情，我也真的能够傲飞鸟而笑白云了。

还记得19世纪初期，雪莱，这个英国的年轻诗人，曾经高唱"西风之歌"。他想做一瓣浪花，一片落叶，一朵白云，躺在西风中任它飘荡去，将他所有的思想、情感、希望都寄托在西风上散播出去。我这次能够上青天驾白云，应该感谢风爷的冲力吧！

我正在这样想着的时候，突然想起了一件非常伤心而且悲惨的往事——世界各地的旱灾。

旱灾一来，全生物界都感觉到恐慌了。那个时候，大地涨红了脸甚至破裂，生物焦的焦，死的死，看不到一点儿绿色，能够看到的都是枯干瘦木，那原因一半是暴日的肆虐，一半是风爷的发狂。那时，风爷也太狂了，将云与雨全部吹散了，在大旱期间，连西风也开始不怀好意了。

前几年，我也曾经亲眼看到过中国西北那延绵三四年的旱灾。<u>那个时候，狂风突然吹起漫天的尘沙，天地发昏，在烈日与饥渴的煎迫下，死了成千上万的人</u>（环境描写，还原了旱灾时的情况）。

有些人还以为地面上堆着那么多尸体腐物，肯定是我的口福，是我的大造化，我可以乘风四游，到处去吃了。怎么知道当这大旱来临的时候，我也是相当焦急的。虽然我有坚实的芽孢，能够在空气里苟延残喘，但是也经不住热与干燥长期的压迫。尽管地上的干粮堆积得像小山一样高，但没有一点儿水汽的浸润，我也吃不下啊。君不见大沙漠之中，哪里有我的身影。

我喜欢的是湿风，害怕的是热风。

我的小身子板是那么轻飘，那一粒单细胞还没有一千兆分之一克重。我既然上升，就很不容易下降，整天在空中飘着，只有雨雪霜露才可以让我再落回尘间。算了，算了，在大旱天我是被风爷给欺骗了。

我十分凄凉地熬过了冰雪的冬天，到了春风和畅的季节，降水量就会变得充足，草木也茂盛起来，虫鸟交鸣，生物都开始变得欣欣然有喜色。那个时候，我早已经暗根着天空的贫乏，白云的无聊，思恋着大地的丰饶。于是，那善变的风爷又改变方向了，又将我召唤到了地上。

　　我告别了白云，离开了高山，跟着风爷来到了农村。这里漫山遍野花红叶绿，我遇花采花，遇叶摘叶，但凡能够吃的植物，就没有不吃的。这也是由于植物的体温，与那时的空气温度相差不大，我又是新从天空来的，自然先以它们的身上为合宜的寄食之所了。

　　我特别喜欢那似胶似漆富有黏液的果皮瓜皮，那潮湿而有皱痕的菜叶菜管，都是我们天然的旅馆宿舍。我的家人与亲朋好友们都曾在这里过活。

　　<u>根据美国农业部化学局最近的调查，他们代我估计了一下，在那含铁质最多的蒲菜身上，每一克中，就有我"菌儿"25万在快速地生殖着</u>（举例说明了细菌繁殖的数量之大，速度之快）。这是不是一个相当惊人的数目呢？

　　我跟着风爷飘游，走遍了世界各地的农村。小的植物不用说，我自然都光顾到了。就是那些抵抗力十分强盛的大松柏，我也一一品尝过它们的风味。粗略算一下，在有花植物之部，我曾经吃过66科，150目。在隐花植物之部，就记不清楚了。

　　我暗算植物，人类一直不知道，还以为它们是自己内部溃烂了呢，或者专门去骂那些昆虫小妖怪恶作剧。

　　没想到，有一次我在法国南部的田园中大啖葡萄时，被一位十分多疑的胡子科学家先生发现了。从此之后，他的徒子徒孙们，就加紧研究我与植物之间的各种不正常的关系，并且宣布了我的罪状。从此，农民们就开始痛恨我，说我不讲道理，破坏他们的农作物，利用药、火千方百计地要消灭我。这可冤枉死我了。我也是为了生计问题所迫啊！吃的都是大自然所赠的食物啊！它们又不是注定给人类独自地享受啊！

　　在生物界中，我应该算是最不安定的了。我四方游走，到处奔波，无非就是为了自由而努力，为了生活而奋斗。浮大海，吃不惯海水的咸味；居人肚，受不了小肠的束缚；返土壤，不喜欢地方的限制；飘上天空，嫌弃天空太过空虚。历经水旱的辛苦之后，结识了鱼儿与风爷，最后到了农村。那里有充足的粮食，行动也比较自由，我自认为那里就是乐土了。没想到，自私自利的人类突然从中作梗，从此之后，我又不得安宁了。

阅读鉴赏

文章通过运用第一人称自述了"我"在不同的场所如何生存下去，怎样从一个地方转向另一个地方，语言生动形象，十分具有亲切感，再加上适时使用了一些修辞手法，如神态描写、列举数字等，使整篇文章更具可读性，让读者在一种轻松愉快的氛围中，快速地弄清楚关于细菌生计的问题。

拓展阅读

芝 加 哥

芝加哥是美国第三大城市，仅次于纽约与洛杉矶。芝加哥位于北美大陆的中心地带，是美国最为重要的铁路与航空的枢纽。与此同时，芝加哥也是美国最重要的金融、文化、制造业、期货以及商品交易中心之一，并且正慢慢成为在世界上具有重大影响力的大都市。

呼吸道的探险

导　读

细菌是一个自由的主儿，可谓无孔不入，就连呼吸道这样隐蔽的地方也有它们的踪迹。它们在这里吃饭、睡觉、生长、繁殖。小小的细菌，似乎有着天大的本领。那么，你知道它都在呼吸道什么地方活动吗？

我在乡村的田园中，仍旧过着颠沛流离的生活，处处都依靠着灰尘的提携过活。那灰尘真的好像是我的航空母舰，上面载着很多游伴（生动形象地表现出对于细菌而言，灰尘的空间十分广大的样子）。

这些游伴的分子相当复杂，来自矿、植、动三大界，就连我菌物也包括在内，总共是四界。

矿物之界，包括煤烟的炭灰、海浪的盐花、火山的破片、陨星的碎粒以及各种各样矿石的散沙，都跟着大风而远扬。

植物之界，包括花蕊、花球，柳丝、棉絮、种子、芽孢、苔藓、淀粉、麦片以及各种的植物细胞（让读者更加清晰明了地知道植物界中细菌的游伴分子有哪些）。

动物之界，包括毛发、皮屑、鸟羽、蝉翼、虫卵、蛹壳以及动物身上所有破碎零星的组织。

菌物之界，包括一丝一丝的霉菌，圆圆胖胖的酵母，在空中来回飘荡。最后就是我菌儿这一群了。这就是灰尘的整体大观。这之间以我族的活跃性最高。我在灰尘当中，可以算是身子最轻，活动的范围最广。

这些风尘仆仆中的杂色分子，又好像是一群流浪儿，一群迷途的羔羊呀（比喻手法的运用，形象地写出了它们没有方向、四处飘荡的样子）。我紧紧拉着这一群流浪儿的手，在天空中奔跑，不顾一切危险，到处横冲直撞。

记得有一次，大概还是在洪荒时代吧，我正在黑夜的森林里飞来飞去，突然撞上了一面墙壁，原来是蝙蝠的鼻子。我在黑暗中摸索，堕入了它鼻孔的深渊，感觉非常柔滑而且温暖。然而没多久，被它强劲的呼吸一喷（动词形象地写出了蝙蝠呼吸时力量的强大，对于渺小的细菌而言异常强大），我就翻了几个筋斗出来了。

后来，我再次冲入它的鼻孔中去的机会越来越多了。但是这种动物，呼吸道的抵抗力非常顽强，十分不容易攻陷，甚至连它的"扁桃腺"都没有发育完全。

"扁桃腺"这个东西属于"淋巴组织"的结合，是淋巴腺之一。在腭部有腭扁桃腺，在咽喉间有咽扁桃腺，在小脑上还有小脑扁桃腺。这样的扁桃腺，自我闯入动物体中之后，都曾经一一遇到了。

动物体中的"淋巴组织"具有抵抗作用。淋巴细胞，即抗敌的细胞，是白血球的一种。因此，淋巴这草黄色的流液，的确含有排除外物的力量，我经常被它所驱逐而逃亡。

那么，扁桃腺是淋巴组织最高的建筑物，是动物体中抗菌的大堡垒了。当我刚从鼻孔或者口腔进入舌上喉间时，真的是望而生畏。

后来这两条路走熟了，就看出了扁桃腺的破绽和弱点。原来尽管它的里外有不少抗敌的细胞进行把守，而它的周围空隙深凹的地方

真的很多，那里的空气流通性不好，来来往往的食货污物又喜欢在这个地方集中，留下了很多渣滓，反而成了我避难藏身的好地方。

　　我就在这里养精蓄锐（形象贴切地写出了细菌在扁桃腺内安逸自在的生活），到了有机可乘的时候，一战就占领了扁桃腺，成为攻击的根据地。于是那动物就会发生扁桃腺炎了。

　　这在人类就十分着急！实际上，人的扁桃腺及其他淋巴腺越发达，特别是呼吸道的淋巴腺越发达，就越能够表现出人菌战争的激烈。

　　如果人类获胜，淋巴腺则是防菌的堡垒；如果我获胜了，这个堡垒就变成为我的势力范围。淋巴腺，在动物的进化过程中，还是比较新的东西。这是由于我的长期侵略，而他们则积极抵抗，这样相持已经很久之后，他们体内就忽然产生了这种防身的组织。

　　对于冷血动物，我向来以冷眼观之，不像对热血动物那样有热情。所以我在它们体中游历时，也没有看到什么淋巴腺、扁桃腺之类的组织，这是因为我很少侵略它们的内部器官，我只不过是经常利用它们的躯壳，当作过渡时期的住所而已。有的时候，我还会利用它们作为我投奔高等动物体内的天梯或者桥梁。这中间，要数昆虫之类最愿意帮助我了，特别是苍蝇、臭虫、蚊子、跳蚤以及八角虱之流，这些都是人类所厌恶的东西，它们更愿意与我进行密切合作。当然，这都属于后话了。不过，我如果想从鼻孔进攻人兽之身，那还必须依靠灰尘的牵引。

　　我曾游遍了天下所有动物的身体（运用拟人的修辞手法，形象而生动地写出了细菌的本领之大），只看到鸟类与哺乳类才有淋巴腺、扁桃腺之类的抗敌组织，最为发达的是哺乳类的淋巴腺。对于人类来说，这淋巴腺的交通网更加繁密了。人原来是能够得许多病的动物啊！淋巴腺在进化的过程中实在是传染病的一座纪念碑啊！

　　高空的飞鸟绝对不会患肺痨病，因为它们经常呼吸新鲜的空气。我不大容易在它们的呼吸道中驻足，所以这条道上的淋巴腺比它们消化道的肠膜下的淋巴腺要少一些。

肺痨病虽然有鸟、牛、人的分别，而鸟类的部分受害者也仅仅限于鸡鸭之群。它们呼吸道中的淋巴腺，比飞鸟的增加了很多。

　　蝙蝠这夜游的动物，喜欢在檐下或者树林间盘旋飞舞。我自从那一次遇到了它的鼻子后，就逐渐对它的呼吸道情形熟悉了。我看到它当初也没有什么扁桃腺，后来为了应付我，才新添了这个隆起的东西，这或许是它们并不乐意的事情。

　　可见我与动物的呼吸道发生了关系后，扁桃腺及其他淋巴腺的地位是多么崇高而重要了。因此，我在本章自传中，专门先记述它们。它们的发生是由于我的刺激，我的行动又以它们作为路碑，我与它们的关系是多么密切啊！

　　我冲入鸟兽与人的鼻孔的机会很多，尽管这也要取决于灰尘的多寡、鸟兽之群以及人口的密度怎样。

　　<u>开阔的天空比不上山林的草原；农村的广场比不上都市的大街；公园比不上戏院；贵人的公馆比不上十几个人窝在黑暗一间的棚户</u>（形象而生动地写出了细菌无处不在、穿山越海的本事）。总而言之，人烟越是稠密，人群越是拥挤，我从空中到鼻子，从这个鼻子又到别的鼻子的机会也就越多了。

　　我在乡村的田园上飞行游览的时候，生活太过空虚，非常失意。于是，我就趁着乡下人挑着担子进城的时候，附在他的身上，到这浮尘的都市观光游玩。

　　在都市的热闹地方，我的生意非常兴隆。这里不仅有灰尘代表我宣扬，而且还有痰花口沫的飞溅也帮助我传播，从此之后，我的影子总是出现在呼吸道上。这条进入肺部的孔道，我已经走得非常熟了。它的门户也是永远开放的。

　　尽管婴儿刚刚离开母胎的时候，他的鼻孔与口腔之内，是绝对找不到我的踪迹的。但是经过数小时后，<u>我就从空气中一批接着一批地移民到那里垦殖了。</u>

　　我的移民政策是根据呼吸道的形势和生理上的

生动形象地写出了细菌一点点进入婴儿的鼻腔。

41

情形来做决定的。要看看那个地方的气候寒暖怎么样，湿度怎么样，在黏膜上有无隙缝深凹的地方，氧气的供给是不是太多了，组织与分泌汁的反应是酸还是碱抑或中性的，细胞胞衣上的纤毛，它们的活动力是不是太强烈了。必须要等到这些条件都适合我的生存要求之后，我才能在这曲折蜿蜒海岸线似的呼吸道立身插足！

　　除此之外，还有临时发生的事情，也能够帮助我增长势力。比如，食货与外物的堆积，就加厚了我的食粮；黏膜受到伤害而破裂，就便利了我的进攻；更有一些不幸的矿工，每天呼吸着矽灰，他的肺瓣早已硬化了，变成了矽肺，而我最喜欢在这矽肺上盘踞了（生动贴切地写出了细菌所喜欢的生活环境）。我家族中那个最不怕干，被人们称为"痨病菌"的孩子，就经常在这矽肺上生长繁殖。于是科学家先生就说，矽肺就是肺痨病的一种前因。这是由于矿工受到工作环境的压迫，没有获得卫生的保障，人先糟蹋了自己的身体之后，我才有了可乘之机。这不能责怪我的冷酷吧。

　　在非常柔滑而又崎岖不平的呼吸道上，有的时候，我的行进是顺利的，而有的时候，则是非常艰难的。所以，我这一群中，有的将呼吸道看作是"天府之国"，有久居的意识；有的又将它视为牢狱，一进去就巴不得赶快出来；又有的则认为它是临时的旅舍，可以来去不固定（排比句式使句子更有气势）。就这样，终主人的一生，我是不会离开他的呼吸道的。

　　这呼吸道又非常像一条自由港，灰尘的船只能够随意抛锚。就我历次的经验来说，这条曲折的自由港又可以分为里中外三大湾。

　　里湾以肺作为界岸，出去就是支气管、气管、喉。中湾介于口腔和鼻洞之间，是呼吸道与食道的三岔路口，是进入肺部和胃部必须经过的要隘，隆肿的扁桃腺出现在这里，这一湾的地名就被称为"口咽"。"口咽"上面是"鼻咽"，那是外湾的起点了。"鼻咽"的前面就是纤曲的鼻洞，分为两道直通于外。

　　我不太容易留在纤曲的鼻洞，因为那里时常有大风出入，鼻息就像打雷一样，有的时候鼻涕就好像瀑布一样滚滚而流，将我冲了出来。所以在平常的时候，鼻洞中的我大都是刚从空气中游来的，而且数目也不是很多。我本来就是风尘的游客，哪里能够长久地恋着鼻乡呢？更何况前面还有那么森严的鼻毛，将我的去路都挡住了啊！

但是，鼻洞中的气候不断转变着，或寒或暖，没有定性，有的时候会让鼻禁松弛，我也会冒险冲一下，就来到了鼻咽中。

在鼻咽中，我活动起来比较容易，而且能够快速地进行繁殖。然而我的繁荣，到底还是受到了当地食粮的限制，于是我被迫学会侵略者的手段。我这也是被生计所逼迫，而不能不与鼻咽以内的细胞组织进行战斗啊！

因此，到了鼻咽之后，我的性格就不像以前在空中的时候那样的浪漫和无聊，真的变得相当泼辣勇猛了。从鼻咽到口咽，一路上时刻准备着厮杀，时刻准备着进攻。我看到那红光满目的扁桃腺（真实形象地写出了扁桃腺发炎之后红肿的样子），又瞥见那一张一合的大嘴巴，送来一闪又一闪的光明，光明将很多新鲜的空气带进来了。我在这条歧路上不断地徘徊与观望着，不敢轻易向前走。时间久了，我的胆子也慢慢壮大了，我就在口咽的上下、扁桃腺的周围进行埋伏，等待着乘机起事。因此，在人的身上，我的菌众和种类，除了盲肠的左右之外，就要数在咽喉之间最多了。

我在呼吸道上进攻的目的地，自然就是肺，因为那里可是有吃不完的血粮，那里有最为广阔的场地，肺尖脆，肺瓣弱，我能长期地繁殖着，但是我在未到达肺腑之前，需要历尽千辛万苦（表现了细菌闯入身体的不易，需要经历很多的艰辛才能够到达）；一跳过了软骨的音带，忽然就碰上了诸种危害：周围的细胞会鼓起纤毛将我扫荡，两旁的黏膜会流出黏液将我牵绊，喷嚏、咳嗽、说话以及呼吸也都来驱赶我，沿路的淋巴腺布满了白血球，它们突然来捕捉我（从侧面写出了细菌闯入人体并不是一个容易的过程）。

我实在是无可奈何了。因此，在天气好的时候，从咽喉到肺这条深巷是平静无事的，我就会偶尔跌进里头去，不过也不敢多加流连！

一旦到了云天变色，气候骤然变冷，呼吸道上突然遇着冷风袭击的时候，我就会立即在扁桃腺前，将所有菌兵菌将召集起来，会师出发，进攻肺门。那个时候，整个咽喉都感到相当震撼！

阅读鉴赏

呼吸道是细菌喜欢侵占的领地，它们一步步地进攻。细菌先侵入动物的扁桃腺，于是动物就会发生扁桃腺炎。人体的淋巴腺是防御细菌的堡垒，在这里时刻发生着激烈的人菌大战。细菌依附在灰尘上，侵入人的鼻子，特别是婴儿的鼻子。细菌喜欢在咽喉生活，然后再进攻人体的肺。

文章以"我"在呼吸道探险的形式，详细地介绍了细菌与呼吸道之间的关系，细菌会出现在呼吸道的什么地方，哪里最适合它们生存，哪里对它们生存不利，它们是否会从一个地方转移到另一个地方。文中运用各种修辞手法，以及活泼生动的语言，让读者在一种轻松愉快的氛围中，快速地掌握有关呼吸道的知识。

拓展阅读

蝙 蝠

蝙蝠属于脊索动物门哺乳纲动物。大蝙蝠亚目的蝙蝠视力非常好，主要凭借视觉来辨别物体。而小蝙蝠亚目的成员视力则已经退化了。通常，它们的眼睛很小，主要凭借回声来辨别物体。

食道的占领

导　读

　　它们的体积不大，却足以给你带来巨大的影响。它们在你不经意间，就将食物作为媒介，偷偷地溜到你的肠胃之中。自此之后，它们便在你的体内安家落户，给你带来种种影响。

　　谋食的问题真是复杂而又矛盾。除了水、空气和矿盐都是无情之物外，一切生命的原料，都属于有情之物，都是有机体，是各种生物的肉身。

　　地球上的所有生物，都有吃东西的资格，当然也存在被吃的危险。不但大的生物会吃掉小的，小的生物有时候也能吃大的。人类会宰鸡杀羊，寄生虫也常常以人类的血肉充饥。这不是复仇，也不是报应，而是生物界一贯的政策，这叫生存竞争（表明在细菌的世界里也需要通过竞争来决定能否生存）。在生物界中，我虽然是一种顶小顶小的生物，但我要吃顶大顶大的东西。不，我几乎什么东西都吃，只要它不会将我毒死。一切大大小小的生物，都属于我的食物范畴。因此，我认为对于我来说，谋食最方便的一个途径，就是能够躲到动物的食道里（食道在此处泛指消化道）去追寻我的食物。我的身体很渺小，进入哪一种动物的食道都是轻而易举的事情。

　　为了追求更多的食物，我曾经走遍了天底下大大小小几乎所有动物的食道。在平时，我和那食道的老板，总能相安无事地相处。它消化它的，我吃我的，互不干涉。有时，我对它来说还是有好处的，因为我还能帮助它消化呢！比如牛羊等食草性动物，它们的肚肠里如果没有我的帮助，那些生硬的草纤维，要到什么时候才能消化呢？

当然，我也有自己的生活习惯，有些动物的食道，我是非常不愿意去的。比如蝎儿的肠腔，它实在太阴毒了。还有那些蠕虫儿的肚子，我也不喜欢，那么窄，根本装不了多少食物。除此之外，北极的白熊，印度的蝙蝠，由于环境的影响和气候的威胁，我也很少光顾。这些生物的食道，不到万不得已的时候，我是绝不出现的。

由于我四处奔走求食，因此我在食道上可是有深厚的阅历。我认为环境最优良，食物多样，而且营养最丰沛的食道，要属人类的肚肠了（暗示细菌最喜欢在人类的肚肠中生存）。这个观点在前面我就已经宣扬过了：

人类的肚肠，是我的天堂，

那儿没有干焦冻饿的恐慌，

那儿有吃不尽的食粮。

人类这种生物，真是贪吃。他们那肚子，就是那些弱小动植物的坟墓，只要是到他们口里的生物，早已经一命呜呼了。只有我菌儿这一群，才能安然地偷偷渡过他们那恐怖的胃汁。于是他们肠子里所有的积蓄，就全部变成我的粮仓食库了。那些处于消化过程中的菜饭鱼肉等，就变成了我的沿途食摊。在这条"光明"的食道上，我一路吃，一路走，"过关斩将"，沿途欣赏美丽的风景。我的同胞们聚集在人类食道的各个角落，到处都拥挤不堪，这也让我饱尝了其中难受的滋味。虽然，我有时也非常厌倦这种贵族式的油腻生活，有很多次都巴不得早点儿通过肛门溜之大吉。

然而，在平时，我的大部分菌众，都觉得人类的肠腑才是我们最幸福的乐土。尤其是在当今时代，人类作为霸主，几乎统治了地球上所有的食粮。他们的食道，就好像食物的大市场，食物的王国一样。如果我离开了他们的身体，转到其他生物的食道中去谋生，那最终的结果，一定是失望而归。

这样的道理，我的菌众们都非常清楚。因此，不论远近，只要有可乘之机，我们就会抛弃一切，一跃而入人类的大口。这可是占领人类食道的先机。

在他们的大口里，有很多食物的渣滓碎屑，这些都是已死去的动植物的细胞或者细胞的附属品，它们填积在人类的齿缝舌底之间，可供我浅斟慢酌，当然我也能借此兴旺一时。然而，人类的大口始终不能让我站稳脚跟。他们的口津犹如温泉一般滚流不息，这些强盛的口津使我战栗，但是不用担心，很快他们吞食的动作就会将我卷入食管。否则，一旦让我得势，他们那口腔黏膜就会被我攻破，至此那张堂皇的大口，就会臭烂出脓（说明细菌对人的口腔黏膜有很大的威胁）。

一般我不会那样做，因为对我对他们都没有好处。我乖乖地随着他们吞咽食物的动作进入食管，长驱直入。要知道我的先头部队，早就抵达了胃的边岸。随后便听到扑通一声，我就堕入了那黑洞洞、热滚滚、酸溜溜、毒辣辣的胃汁里，那里好像深渊一样，呛得我有些喘不过气来。不幸的是，我的一部分抵抗能力较差的菌众白白地浸死其中，只剩下一小部分顽强分子，它们拥有油滑的荚膜披体，还有一层坚实的芽孢护身，稍作忍耐便冲过了人类食道上最险恶的难关，安然无恙地抵达了胃的彼岸。

有的人，因为平时不注意，使自己的胃部受到压迫，最终造成了胃细胞消极怠工的风潮，因此胃汁的产量不足，而且胃液酸度太淡，消化能力不强。这对于我来说根本就不是问题，就是那些从来都不能渡过胃河的菌众，现在也都跟跟跄跄地过去了。

有时候，人类的胃壁上会突然出现一团怪东西，其实这属于畸形发育。科学家先生经过检查，给它起了一个特别的名称，叫作"癌"。"癌"是那些不中用的细胞的大结合。我瞅准时机，毫不客气地占领了它，将其作为我进攻人类的特务机关。

　　只要我们越过了有皱纹的胃的幽门，就能看到食道上变化的景色，那里重重叠叠，长着很多细小的"绒毛"，这就是小肠的景色。那些浓酸的胃汁流到这里，就逐渐减退了它的酸性。同时，还会有黄黄的胆汁从肝脏分泌出来，胰腺也跟着分泌清清的胰汁，黏黏的肠汁也从肠腺里涌出，这些从人体各个部位分泌出来的液汁，都有调剂酸性的能力。那些经过胃部消化的食物，一到小肠，就逐渐转变成中性的食物。中性是由酸入碱必经的一个阶段。在这里，我即将开始大吃大喝的生活。

　　不过，我也有所顾忌，因为很多食物的身上都蕴蓄着不少的"缓冲酸性"，这样的性质并不稳定，随时都可能发生动摇，把本已经适合我生存的小肠，再次变成酸溜溜的、让人讨厌的味道。所以我的很多菌众都不喜欢这里，更不肯长期居留！

　　<u>蠕动的小肠，依据它在食道上的形势以及它的绒毛的式样，大体可以分为三大段</u>（引出下文对小肠结构的介绍）。第一段称为十二指肠，全段的长度大概有十二个指头并排在一起那么长，紧接下一段就是胃的幽门。第二段属于空肠，食物运行到这里，几乎剩不下什么东西，总是随到随空，不是被肠膜吸收了，就是急促地向下继续推移。第三段是回肠，它的路径比较特殊，蜿蜒曲折，有点儿千回百转的意味，这可急坏了此时正混在食物里的我，不但我的行动受到了影响，而且食物中大部分的养分，都在这里，可是却被那无情的肠壁细胞提走了，一点儿都没给我留下。

　　我辛辛苦苦地行走在小肠的道路上，一段一段地向前推进，慢慢地，我的胆子也大起来。不料刚刚走到一处酸性全部消失的地方正想要好好地享受一番，没等我动手，那些好吃的东西，竟然全被人体的细胞抢走了。我真是恨透了那些存在于肠壁四周的细胞。

　　小肠曲折的道路，直到盲肠的界口就终止了。盲肠是小肠和大肠的分界点。在盲肠的一个小角落里，我发现了一条小巷，竟然是个死胡同，有些突出，看起来好像一条尾巴，食物偶尔会落进去，便再也出不来了。

我觉得这是个好地方，经常占领它作为攻击人类的战壕。这里一旦被我攻破，就会引发盲肠炎等疾病。

算了，这次就先放过他吧。我决定继续往前走，很快就进入了大肠的部位。这里跟小肠完全不同，没有绒毛，也没有任何阻挡物，完全是一条平坦大道。但是那些食物在人类的腹部里绕了一个大弯，精华的部分早就被小肠榨取干净了，到了这里，剩下的只能是食渣了。这些食渣的运输过程非常迟缓，而且愈积愈多，拥挤在一起，几乎让人透不过气。我伏在这些食渣的上面，顺着大肠蠕动的趋势，慢慢地往上升，然后就变成横着走，一会儿就开始向下降，没多久，就过了乙状结肠，到达了直肠的部位，这也是食道的最后一站，很快就能望见肛门之口。

食渣最终运行到大肠的最后一段，它们已经没有任何价值了，一切可提供养分的东西，早就被肠膜细胞和我那些菌众朋友们洗劫一空了，存留下来的只是我无数菌众的尸身以及很多不能消化的残余，里面还掺杂了胆汁之类的东西，有了彩色，这些东西有了新的名称，叫作屎。屎是一个不雅的名称，但是很切合实际。

多事的科学家先生，曾经<u>煞费苦心</u>[①]地去研究屎的具体内容，他们发现尸的总量能占到屎的 1/4 至 1/3，而这些尸就是指我们菌类一族。<u>据他们的研究，我的菌群，每天都会从成人的肛门口逃出 8 克重，细算起来还真是不少，大约有 128000000000000000000 之多。128 的后面，再拖上 18 个零，这是多么庞大的数字啊</u>（用准确的数字来说明得以逃脱的菌群数量之多）。由此可以想象，我们这个大家族是多么庞大，聚集在人类的大肠里是多么热闹啊！

然而，当我处于十二指肠的时候，是刚刚从死海里逃生。那时候我的神志昏昏沉沉，我的同伴也<u>寥寥无几</u>[②]，但是大肠里怎么会有这么多的

---

① 煞费苦心：形容费尽心思、费尽心机；同费尽心机、冥思苦想词义。

② 寥寥无几：形容稀少，没有几个。

菌众呢？它们都是我的朋友们到达大肠之后自己繁殖出来的。我的先头部队，只需要在每一群中选出几位有实力的代表，作为开路先锋即可，当他们进入大肠以后，就可以生生世世地坐在肠腔里传宗接代了。

我的先头部队里，最先踏进肠口的是那个最可疼，最具有战斗实力的孩子。它可是一员健将，不怕酸，而且最爱吃的东西就是乳酸。它经常混在乳粉中，当婴儿吃奶的时候，就悄悄地进入乳汁，最终冲进了婴儿的食道里。婴儿的肠腔里可不像成人那样丰富，这里什么都没有，这位菌类健将感到孤独寂寞而又悲哀。当然这里还有其他兄弟，它们的性情非常相似，它是从牛奶房里来的，很早就到了人类的食道上。

在婴儿断乳之前，这两弟兄在肠腔里可是出尽了风头。但是婴儿一断乳，四方的各类菌众蜂拥而至，联合起来让它俩让出地盘。敌众我寡，这两兄弟无奈，只能沉默下去，夹着尾巴做菌喽。

这些后进来的菌众之中，最出色的就是两个爱吃糖的孩子。只要它们沾染上糖，就会进行发酵。这可是我们菌众特有的技能。为了发酵，不知道惹出了多少闲气，不过这也是后话，暂时可以不提。

这两个孩子，其中一个名为"大肠杆菌"，它可是很有实力的，单看它的名字，就能猜出它的来历。它的足迹可是走遍了天下所有动物的肚肠，只有那些鱼儿蛤儿之类的冷血动物的肠腔不太适合它。科学先生们曾经推举它作为粪的代表，只要有它的地方，就代表那里沾染了粪便。

至于另一个，更是不凡，它可是有游历全世界肚肠的经验。它的身上长有芽孢，这让它的旅行更为顺利。<u>不过，它的脾气很奇怪，总是喜欢生活在没有空气的黑暗角落里，那些明朗、空气新鲜的地方，反而不适合它的生存</u>（介绍了这种菌类的生存环境）。基于这个特点，我们都管它叫"厌氧气菌"。肚肠里的环境，恰好符合了它这种奇怪的生活方式。

我的孩子当中很多都有这样的怪脾气，还有一个孩子也是在肚肠里谋生。不过与其他菌类相比，它可就淘气多了，经常害人类得"破伤风"的大病。但只要它在人类的肠腔里生活，就会变得很安静，从不作怪。

中国北平工人的肠腔里，就收留了很多它的芽孢。这些劳苦的工人经常和土壤接近，而我的这个孩子本来就埋伏在土壤里，再加上那里经常刮大风，尘沙漫天，干活的师傅们总是累得张着口喘息，这就给它们提供了可乘之机。

其实，我要进入人类食道的机会很多呢！哪一条食道不是完全公开的呢？我的同胞们，只要有不怕酸的本领，就能顽强地抵抗住人体的攻击，一堑一堑地冲过人体肠腔的阻碍。尤其是人类正忙着过年节的时候，我的菌众们就更加活跃了。

我虽然这样占领了人类的肚肠和食道，但仍然难以逃脱科学家先生那灼灼似贼的眼光。有时人类会大叫肚子痛，或者出现大吐大泻的症状，于是他们的目光，再次投到我的身上，将我提到实验室进行审问。那胡子的门徒又在作法了，看来这号称天堂的肚肠，也不是我永远的安乐窝了。唉！真是晦气！

阅读鉴赏

"我"虽然是肉眼无法看见的微小的细菌，却能给人类带来大麻烦，"我"游历于人们的肚肠之中，尝遍人们吃过的大餐，在肠道中的各个地方畅游，胃、小肠、盲肠、十二指肠无一不留下"我"的足迹。"我"的两个孩子"大肠杆菌"和"厌气菌"更是来历不凡，常驻于人的肠道之中。

本篇以拟人的手法，将菌类比喻成人，讲述了其在人类肚肠里的一切经历，给人以形象、生动而又切合实际的感受。不仅如此，形象的比喻、列举具体的数字以及词语的精确使用，使文章饱满而又充满趣味。

拓展阅读

胃　癌

胃癌是产生在胃黏膜上皮组织中的恶性肿瘤，死亡率几乎能够排到全部恶性肿瘤的第3位，排在消化道恶性肿瘤的首位。

肠腔里的会议

导 读

"我"召集自己所有的部族开了一次紧急会议。这里的成员真多啊！面对如此混乱的场面，"我"赶紧将其分类安排，最后总结一下，大概有八大菌群。它们分别是谁？你全都认识、了解吗？

　　我行进在人类那崎岖的食道和纷乱的肠腔里，尝尽了"糖类"和"蛋白质"的滋味。这不，我召集孩子们开个宴会，看着他们一群又一群，拥挤在幽门之内，心里也十分不忍。我宣布宴会开始，<u>孩子们鼓起芽孢，舞着鞭毛，尽情地享受着欢聚的快乐</u>（形象生动地写出菌群在人体内肆意活动的状态）。

　　俗话说，乐极生悲，好事多磨。就在我们正高兴的时候，科学家先生的怪手再次向我伸来，我又被囚入了那个玻璃小塔中；无情的火烧，毒辣的汁浇，我眼睁睁地看着自己的菌众们一一遭难。烧就烧，浇就浇，我高昂着头颅，始终不肯屈服！他的手段高，我的菌众多，我们永远都不会屈服！这次聚会多么值得纪念啊，肠腔里的"菌才"济济一堂。

　　<u>成人肠腔要比婴儿肠腔热闹得多</u>（从侧面体现出，对于细菌来说，它们还是喜欢成人肠腔的），我的孩子们，前前后后共有八大群体来到这里，现在就由我对其一一地介绍一下吧。

首先是大肠杆菌，在人类的腔肠里俨然一副主人翁的样子；酸溜溜地从乳峰的出口处奔腾而来的乳酸杆菌；以不需要现成氧气作为生存条件的厌氧杆菌，这三群孩子想必大家都已经认识，这里我就不再过多介绍了。那么，其他的五大群呢？它们在肠腔里也曾兴旺一时呢。

　　第四群属于链球儿菌一房的，它的身子好像是个圆圆的小球，有时变成串；有时变成双；有时也会单独出现在这里（排比句的运用，让读者清楚地了解了它们的形状）。科学家先生看见它，也大吃一惊，经过一番严格的审查，才确定它在肚子里并不作怪，于是就给它起了一个绰号，称其为"吃屎链球菌"，又名"粪链球菌"。链球菌这个名字多么威风！这也是承认它和那些在肺港之役曾出尽风头的吃血链球菌的兄弟关系吧。但如今竟被冠以吃屎的名号，也是笑话它的不中用了。唉，我这群可怜的孩子，那些狠心的科学家先生这样侮辱它们。不过即便如此，也不能动摇它们在肠道里的地位！

　　第五群，属于化腐杆儿那一房的，它们身体好像小棒儿，和大肠杆菌长得比较像。它最大的特点就是能改变体型，有时变得又粗又短，有时变得又细又长，因此科学家先生就给它取名为"变形杆菌"。它浑身长满了鞭毛，这使得它的行动极其迅速而活泼。它喜欢在阴沟和粪土里盘桓，一切不干净的空气和浑浊的水中，都能找到它的踪迹。它最喜欢的食物就是那些腐肉烂尸以及腐败的蛋白质，说它是腐体寄生物中的小霸王真不为过。不过它也给人们带来了烦恼，只要是它存在的地方，就会有臭腐的味道。它的鼻子非常灵，只要闻到一点儿肠腔的臭味，就会随着那些食物滚进人类的腔肠里，这里果然堆积着不少腐烂的蛋白质。

　　我这个孩子，虽然有缺点，但它也有善良的一面，经常帮助腔肠化解那些腐物的堆积物，可往往是越帮越忙。因为它所化解出来的东西，大多都含有毒质，长期积累就会使肠膜的细胞感到不安（将肠膜的细胞拟人化，说明毒质太多，对肠膜细胞造成了危害），最终引起胃肠炎等疾病。科学家先生毫不留情地将我的孩子告上了法庭，但孩子的出发点是好的，所以至今这个案子还在争讼不已，真是害苦了我的孩子啊。

第六群，属于芽孢杆儿那一房。它的样子也有些像小棒儿，头上还长着一颗坚实的芽孢。它的忍耐力比较好，行动快速。最主要的是它的地盘很大，无论是乡村的土壤还是城市中的空气，都能寻着它的身影。它爱喝咸水，爱吃枯草烂叶。它可是出了名的腐体寄生物，不过它选择的寄生对象大多是植物的后身，因此科学家先生就给它起了个名字，称为"枯草杆菌"。它的嗅觉也很灵敏，这不刚闻到一点儿肠腔里青菜萝卜的气味，就赶紧抱着它那芽孢，飘过来借宿了。有那么坚实的芽孢，胃汁想浸死它都难。"芽孢杆儿"这一群的菌类冲进幽门的

形象而生动地表现出枯草杆菌侵入肠腔的轻易程度。

还真是不少呢！

在新鲜的粪汁里，科学家先生也曾经发现过很多它的芽孢。由于它们的胆子非常大，还经常到实验室里偷吃那些玻璃小塔中的食粮，为此，实验室里的人都不喜欢看到它们。不过它也算是菌类里的和平分子，从来没有在大人的肚子里闹过什么乱子，因此科学家先生们对它也特别宽容，从来都不常加以逮捕。这对它们来说也是件好事。

第七群，属于螺旋儿菌那一房。它们的态度有点儿不太明朗，这也让科学家先生们怀疑。只要被抓，螺旋儿菌就坚决地绝食，所以在那种做实验常用的玻璃小塔里，很难养活它们。后来多亏了东方木展国的一位博士，喂它活肉活血，才得以将它的真相查明。它长得有点儿像螺丝钉的身体，上面有很多弯，这也足以说明它是在高等动物温暖而肥美的血肉里娇生惯养坏了（准确形象地体现了螺旋儿菌特殊的生存环境），一旦被人家从血肉里拖出来，才会那么难养。大概是我的孩子们过惯了在人体里的舒适生活，因此就产生了这样的怪脾气，这在菌类一族中，显然非常厉害。

虽然，我这孩子，有时候也会因为找不到适当的人体公寓，只能暂时居住在昆虫这类小客栈里，把它们当作"中间宿主"。在整体形态上，尤其是在性格上本来就已经有"原生动物"的嫌疑了，现在它又干起了

寻找中间宿主这类的秘密勾当，愈发让科学家先生们不相信它就是我菌类的后裔了。于是就有人去中间调停了，把它称为"螺旋体"，说它是存在于生物界的中立派，横跨在动植物两界的中间。不过这些都是科学家先生的事，我又何必去管那么多呢！

我只知道，它和我其他各个群体的孩子们有很亲密的过往。无论是在口腔里还是牙龈上，或者在舌底下，它们都经常见面。在肠腔里，我们也经常住在一起，一块儿吃，它也服服帖帖地显得非常温顺，从不生事。只有等它有机会溜进人类的血川血河里，才有机会大显身手，它就像是血水的强盗。不过它还有一处鲜为人知的巢窝，那就是在人类中很讳言的神秘之窟。其实，这也没什么了不起的啊。我这一生之所以能够成功，就在于繁殖得快而且多呀！但是人类就不同，他们多为庄严的礼教所禁锢，使得那些愚夫愚妇铤而走险，这才出现了花柳病的乱子。而"螺旋体"的秘密巢窝就是人类的生殖器，这可是它们专属的势力区。如果不是这个秘密巢窝的话，那它也只能静悄悄地伏在（写出了这个秘密巢穴对"螺旋体"的重要性，用词准确）肠腔里养老了。

第八群，被称为"酵儿"和"霉儿"。它们并不是我亲生的孩子，而是属于我的大房二房兄弟所出，从辈分上排，也算是我的侄儿吧。它们最擅长的事情就是发酵酿酒。不过由于年轻，它们也不甘寂寞，因此经常跑到人类的肚子里游历，所以这次的肠腔大集会，它们也来了。

"酵儿"算是我族里个子较大的一个，它的身子很胖，就像小山芋，因此非常容易辨认。它的老家是土壤，经常伏在马蜂、蜜蜂等昆虫的脚下，随着它们的飞行出游，有时候被这些昆虫带到了葡萄等水果的果皮上。它们就算在那里扎根了，然后便尽自己最大能力繁殖，没多久葡萄就会变酸。当人类吃这些酸葡萄酸茶之类的食物时，它们就会随之滚进人类的口涧里。它们是酿酒的必需品，如果酒桶里没有它，那么人类酿酒的计划绝对会失败。这在中国的古代，人们早就知道了，只不过当时没有看出它是活生生的生物罢了。它们的种类很多，因此造出来的酒各不相同。

比如法国的酒商就曾经因为这件事闹到了大胡子科学家先生的跟前。

　　说完了"酵儿"，我给大家介绍一下"霉儿"。它的身子好像游丝，几个十几个的细胞相连，成为长长的一串（描写了"霉儿"的外貌特点，让读者对它们有了深刻的认识）。它的食物范围很广泛，几乎无所不吃，它的生命力非常强，无论是什么样的气候，它都能忍耐，尤其是在四五月的天气里，毛毛雨不断，人类被天气烦得都不愿意出门。但"霉儿"可不一样，它最喜欢的就是这样的天气。这段时间，它肆意扩张地盘，其他菌众都比不上它（表现出"霉儿"对阴雨天的喜爱）。它拥有超强的酵素，无论走到哪里，一切有机体的内部都会发生变化。它毁坏了人类很多东西，比如衣服、家具、食品等。然而它的发酵也给人类带来了很大帮助，许多工业都需要依靠它来维持。

　　这两群孩子能起到的作用还很多，它们还有一个远大的志向，想着将来邀请某个知名的笔记先生替自己立传呢。

　　下面我来总结一下今天赶到集会现场的八大菌群。

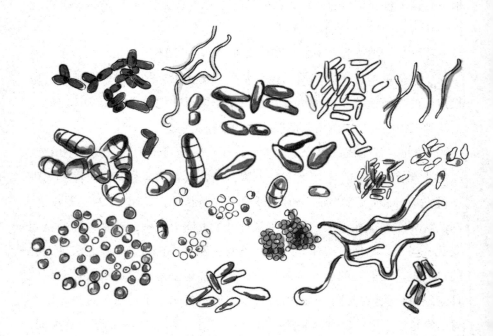

"乳酸杆儿"是吃糖产酸一房的代表。

"大肠杆儿"是在人类肠子里最淘气的那一房。

"厌氧杆儿"是不喜欢氧气的那一房。

"吃屎链球儿"是球族那一房的代表。

"变形杆儿"是专吃死肉那一房的代表。

"芽孢杆儿"最喜欢吃枯草烂叶那一房的代表。

"螺旋儿"代表着螺旋那一房。

"酵儿"和"霉儿"是发酵造酒那两房的代表（内容清晰明了，方便读者对文章的理解）。

这八群菌群虽然不能够代表人体大肠内的全体菌众，但是它们也是大肠里最为活跃和最有势力的群体。

我介绍了这么长时间，有人是不是很好奇，为什么我都没有介绍我自己呢？其实如果你们能够找到一个显微镜的话，很容易就能见到我。为了防止大家认错，我给自己总结了三个特点，主要是：球形、杆形和螺旋形三种，身上还长着芽孢、荚膜、鞭毛（用简短的语言把细菌的特点概括出来，语言简单精炼）。

然而，有必要提醒你们的就是要注意我在大肠里面的生活，因为这可是关系到你们的身体健康啊。

我这八群孩子，依照它们喜欢的食物，总体来说可以分为两大党派：第一派是喜欢吃糖，这里的糖主要是指碳水化合物；第二派是吃肉，这里的肉主要指蛋白质。

它们吃过的糖，很快就会发酵变酸。

它们吃过的肉，那肉就会化腐变臭。

这酸与臭就是我们在生理化学上经常讲到的两大作用。

但事实上，在人类的大肠里，蛋白质与碳水化合物的分布非常不均衡。比如那些和尚、尼姑的大肠里大多是糖，而那些阔佬、富翁的大肠里则是肉比较多。

人体内的糖多，那么我那些爱吃糖的孩子们，比如"乳酸杆儿"群，它们就可以趁此机会勃兴了。

人体内的肉多，那么我那些爱吃肉的孩子们，比如"变形杆儿"菌群，它们就能繁盛起来。

"乳酸杆儿"在人体内繁盛的时候，对人类的健康是有好处的，因为它们吃完糖就会产生大量的酸。那些酸汁浸润的肠腔里，吃肉的菌众永远都不能得志，即便是我那一群淘气的野孩子们，不小心闯进来，也会立刻被那么多的酸汁所消灭。所以在"乳酸杆儿"极度繁荣的肠腔里，人类的身体一般不会发生伤寒等病症。所以今天的很多科学医生经常利用它的这一特性来治疗伤寒。

伤寒病是一种非常可怕的肠胃传染病，它的产生，我那一群凶恶的野孩子有不可推卸的责任。这群野孩子主要是"大肠杆儿"那一房所生。在烂鱼烂肉等腐败蛋白质堆积的环境里，它们就像是一群洪水猛兽，毫无顾忌地在人体内乱闯，就连小孩子它们都不放过（比喻手法的运用，表现出大肠杆菌给人体所带来的伤害之大）。害人的急性胃肠病的根源也是这一房所出的。它们共同的特点就是希望人的体内有大量的肉渣鱼屑，然后它们就能从胃的幽门偷偷进入，在人体内作乱。霍乱也是这样。霍乱、痢疾、伤寒这三个难兄难弟和中国人的交往还是很密切的，但我知道大家都不喜欢它们，所以我也不想多谈。

就算是这些野孩子不在人类的肠腔里，如果人体内的蛋白质堆积过多的话，别的菌众也会趁机作乱的，让那些蛋白质转化成毒质。

具有这种本领的，最著名的就是"腊肠毒杆儿"了，这个菌群就属于我那厌气一房的孩子。它们的身上大多都有坚实的芽孢，既不怕热力的攻击，更不怕酸汁的浸润，因此非常容易地就能溜进人类的肠腔里（生动形象地写出了"腊肠毒杆儿"进入人类肠腔时的轻松姿态）。

那八大菌群是人类肠腔里的主要成员，当然那些淘气的野孩子们偶尔会进来旁听。但你要是想探知我们的集会议案是什么？我是绝对不会告诉你的!

然而很快,我们的秘密就被那些胡子科学家先生一点一点地查出来了。于是我们这八大菌群的孩子们,一个个全部锒铛入狱,被拘留到桌子上的那个玻璃小塔里面了。

看来这一次我们是在劫难逃了,科学家先生这是要研究出对付我们的圆满办法啊!

阅读鉴赏

"我"在人的肚肠里开起了宴会,并聚集了"我"的八大菌群。它们形态各异,个个能力非凡。它们口味不一,有的喜欢吃糖,有的喜欢吃枯枝烂叶,但无一例外地可以生存在人类的身体内,因此"我们"成了臭名昭著的寄宿者,被抓进胡子科学家先生的玻璃瓶中。

本文运用多种修辞手法,介绍了菌类中的八大菌群,让我们对其有了一个详细的了解。最主要的特点是行文风格幽默,语言生动有趣,把每一种菌群都描绘得形象逼真,即便是那些最令人讨厌的菌类都被比喻成"淘气的孩子",给我们带来一种舒适而又温暖的阅读感受。

拓展阅读

链 球 菌

链球菌是一种常见的能够引起化脓的球菌。链球菌在自然界中的存在非常广泛,极易引起各种化脓性炎症,比如猩红热、丹毒、败血症、脑膜炎等各类疾病。它的存在对人体的危害极大。

清除腐物

导　读

　　一提到细菌，我们首先想到的一定是它们带来的不好影响。比如它们是恶劣环境中肮脏的产物，是引起疾病的根源等。但是它们同样也是生物界的功臣，那它们在我们的生活中到底起着怎样的作用呢？

　　我真是想不到自己现在竟然被困在这里，受实验室的活罪。我的身上架满了科学的刑具，显微镜发出来的怪光照得我浑身通亮；蒸锅里冒出来的滚烫的热气让我发昏；毒辣的药汁使我的细胞生了很多溃伤；亮晶晶的玻璃小塔里虽然有很多新鲜的食粮，但这里终究会变成我生命的终结地（具体描写了细菌在实验室所受的待遇）。从冰箱被送到暖室，又从暖室里再次被送进冰箱，就这样三天一审，五天一问，最终的目的就是要侦查出我在外界是如何活动的，揭发我在人体内行凶的真相。于是那些科学家先生天天指责我的罪状，口口声声大骂我是多么的荒唐，就像个恶魔。真是自私的人类，全部都在诅咒我，想让我尽快灭亡。一提起我的名字，他们的反应不是怨天，就是尤人，怨天就天天嚷着："天既生人，为什么又要生出这么多鬼鬼祟祟的细菌，让它们暗地里谋害人命？"有人就说："细菌这些小东西真是太可恶了，我们一定和它势不两立，真恨不得将天下所有的细菌一网打尽！"

这些戴着眼镜的科学家先生，跟那些盲目的人类大众，都认为我的存在就是为了与他们作对，其实我怎么可能这么疯狂啊？

他们只会抽出片段事实，抹杀了我存在的真相。

我可真是有冤难申，但是我这微弱的呼声无论如何也进不了人类的耳朵里啊。

但是现在，我终于有了申诉的地方。我寻找到一位笔记先生，他接受我的请求，自愿替我立传。现在我即将敞开心扉，向全世界的人民倾诉衷肠。我菌儿难道真的就和人类势不两立吗？这样的指控未免让我有点儿辛酸！

天哪！人类竟然对我生出这样严重的厌恶感。我真的是这样狠心吗（设问句的运用顺利引出下文，引起读者的兴趣）？

在当代生存竞争如此激烈的境况中，有哪种生物不会做出越轨的举动呢？人类不也是不断地宰鸡杀羊，折花砍木，残杀那么多动物的生命，伤害了无数植物的健康吗？虽然人类出现了很多传染病，但那些也不过是由于我那一群号称"毒菌"的野孩子们，偶尔因为争食而发起的暴动罢了。就像人类中会出现帝国主义，兽群中会出现猛虎毒蛇，那么我的菌群中自然也会出现一些不和谐的分子，有了这狠毒的病菌。它们大多都是专横的侵略者和残酷的杀戮者，更是阴险的破坏集体安全的家伙。有时候我也非常恨它们呢，简直丢尽了生物界的面子！闹得地球如此不太平！我那一群野孩子们的粗暴行为经常会让人类陷入深沉的痛苦之中，再加上它们属于我们的族群，因此对我的名声造成了很坏的影响。但说老实话，我并不觉得这完全是我的罪过啊！我和其他的菌众并没有这么凶啊！

我长年流落在外，几乎踏遍世界上所有的污浊之地，在臭秽中简单地求生，在潮湿处传宗接代，和那些卑贱下流的东西为伍。在冬天忍受着冰雪的摧残，夏天被困在那燥热的太阳之下，无非就是想让我执行生存在宇宙间的神圣职务。

我本来是属于土壤中的劳动者，是大地上的清道夫，我有清除污秽的能力，降解固体，最终变废物为原料。

有人说我本身就是废物的一分子，说这话的人真是大错特错，他根本就不明白事实的真相。

我在自然界中飞来飘去，虽然经常和那些腐肉烂尸枯草朽木之类的废物混居在一起，但我从来都不会与它们同流合污，不做那些废物的傀儡，而是成为它们的主宰，主要负责清除垃圾！

喂！自命不凡的人类！请不要藐视我这看似低级，实则伟大的使命吧！这世界是集体经营的世界！不是上帝或者某位独裁者能够一手包办的！地球之所以能够繁荣起来，完全是依靠生物界的我们一起努力创造的！因此我们无贵无贱，而是要共同合作！

在生物界分工合作的过程中，我们菌类以微弱的能力，尽到单细胞生物的职责。虽然我们的贡献不能完全看见，也只是一点一滴，然而我集合无数的菌众，团结起来，依靠这种伟大的力量，就能移山倒海，甚至呼风唤雨（表明大量细菌集结到一起会产生巨大的力量）！

我移的是土壤之山，

我倒的是废物之海，

我呼的是酵素之风，

我唤的是氮气之雨。

我在土壤里悄悄地工作，经历了数不清的年头，我用自己微薄的力量化解了废物，充实土壤的成分，植物不断地榨取土壤的原料，而它仍然能够源源不断地对其进行供给，这难道不是我的功绩吗？

我是如何化解废物的呢？

我的本领很大，无论是发酵，还是分解蛋白质，我都能做到。除此之外，我还有溶解脂肪的特长呢！

在自然界的演变过程中，只有旧的不断被毁灭，新的才能不断地从毁灭的余烬中重新诞生。我的命运就是如此。我的细胞这一生都在毁灭与产生，我需要时刻从环境之中索取原料。而这些原料的来源大多都是别的细胞的尸体。它们的细胞虽死，但其中的滋养成分仍然存在，我深切地明白这一点。但我还不能把那些死掉的细胞，不折不扣地照单全收。我必须将它那顽固的内容一点点拆散，就好像拆一座破旧的高楼一样，最后再用剩余的残砖断瓦，破栋旧梁，重新改建成新的平房一样。因此，我存在于自然界里面，有很多职务。其中最重要的任务就是整天整夜地蹲在生物的尸身上，用自己微薄的力量一点点拆散死尸的旧细胞。虽然有时我的孩子们也会因为干得太卖力，吃得过于开心，连带着将附近那些活生生的细胞侵犯了。但是它们本身无意冒犯，只是不小心唐突了而已，或许这就是我们菌类得罪人类的真正原因吧！

那些早已经死去的生物的细胞，多少还残留着蛋白质、糖类、脂肪、水、无机盐和活力素等六种成分。<u>而我这小小的身体里，所需要的就是这六种成分，一样都不能少</u>（交代了细菌生存所必需的六种成分）。

这六种成分中间，水和活力素是最容易消失的成分，当然也是最容易被吸收的成分。其次就是无机盐，我需要的分量本来就不多，再加上它们能够很容易地穿过我的细胞膜，因此它也是一类比较容易摄取的物质。只有那些蛋白质、糖和脂肪才是令我头疼的，它们结构复杂而又坚实，往往需要我费很大力气，将它们一点一点地慢慢软化，然后再一丝一丝地细细分解，将其变为简单的物体，最终才能引渡它们进入我的身体，作为我建设和发展新细胞的材料。

至于蛋白质，它的名目实在太多，而且性质各不相同。我需要让它一步一步地返本归元，最后全部化成氨、一氧化氮、硝酸盐、氮、硫化氢、甲烷，乃至二氧化碳及水等最为简单的化学物，然后再拣有用的物质，一点一点慢慢吸收。像我这样的工作，有人专门给起了一个名称，叫作"化腐作用"。意思就是将那些已经没有生命的腐败的蛋白质，全部化解干净。但化解的过程中往往会产生难闻的气味，人类从旁边走过，总是捂着鼻子，很嫌弃的样子。

　　事实上，这个时候正是我化解腐物最能出成绩的当儿啊！能够担任起这样的工作，全是我那一群"厌气"的孩子们的功劳。它们不需要氧的帮忙，即便是在黑暗潮湿的角落里，只要是腐物堆积的地方，它们就能集群大肆地活动起来！说到糖类，它的式样也有很多，结构各异，从那些比较生硬的纤维素、顽固的淀粉到较为容易化解的乳糖、葡萄糖之类，无论是哪一种，对于我来说都没有问题，全都能按部就班地逐渐将其解放，最终使其成为酪酸、乳酸、醋酸、蚁酸、二氧化碳及水等物质。

　　再说这脂肪，我首先要把它们变成甘油和脂酸之类的初级分子。无论是蛋白质、糖类还是脂肪，这些复杂的有机物，大多都是以碳为中心形成的有机物质。碳就像是各种化学元素大团结的一个枢纽。所以我最主要的工作就是将它们的团结解散，使各种元素从碳的连锁中释放出来，重新组织成我需要的小型有机物，最终被我吸收。这样的分解工作，能使地球上所有腐败的东西，最终现出原形，回归土壤，保证土壤的养料充分。

　　我们菌类一族，生生世世，子子孙孙，都在为了这个事业而不断努力。但最终所得的酬劳，也只能延续种族的生命而已。现如今，就因为我的那群野孩子们稍有越轨之举，竟然就招致了人类永久的仇恨！对此，我真是抱憾无穷。

　　然而有人听到这样的话，又要为难我了，毫不客气地问道："腐物的化解，也许就是'氧化'作用吧！看你这瘦弱的身躯，连一粒灰尘都抬不起，能有多大的能力？再说你连工具都没有，竟敢声称地球清除腐物的成绩全部都要归功于你（设问句的运用增强了气势，同时引起下文）？"这个问题在19世纪的科学界，曾惹得那些科学家先生们进行过一场热烈的论战。

　　在这里最了解我的人或许就是我那素来憎恨的胡子先生。他花了很多年的工夫，将我放在实验用具里进行研究，最终证实了发酵和化腐的全部过程并非是什么氧化作用。至此，人们才算真正地认识了我的作用，才承认了如果没有我们这一群微生物不断地活动，那么人类的发酵事业永远不可能成功！

我真有那么大的能力吗？

这样的结果完全得益于我细胞中一件微妙的法宝。

科学家先生们给这件法宝起了个好听的名字，叫"酵素"，翻译成中文就是"酶"，大约这东西时刻散发着酒或醋的气息吧！

这件法宝，研究过生理化学的人应该清楚，它们早就存在于生物界。可惜他们看到的只是它的活动所带来的影响，根本就不清楚它的内容和结构，纯粹的酵素人始终不能将其成功地分离出来。因此生性多疑的科学家先生对此做出了解释，认为它分为两种：一种属于有生机酵素；一种则是无生机酵素。

无生机酵素，指的就是"蛋白酶""淀粉酶"等存在于所有高等动植物身上的分泌物。它们不需要活细胞在一旁监视，就能很好地促进化解腐物的工作。基于这个原因，它们就被科学家先生们认为是没有生机的酵素。

有生机的酵素，指的就是存在于我的细胞中的微妙法宝。大胡子科学家将我放在酒桶、醋瓮里以及腌菜的锅里，然后让那些门徒们观察我每天的工作成绩，以为这是我完成新陈代谢的作用，以为这发酵的功能就是我的细胞进行活动的结果，因此他们就认为我菌儿本身就属于一种有生机的酵素。

我在生理化学的实验室里听到了他们给出的这些理论，心里着实难受（拟人手法，形象生动地赋予了细菌人的心理状态）。

要知道，酵素就是酵素，根本就没有什么有生的和无生的区别。我的酵素能够从我本身的细胞中榨取出来，它与其他动植物体内存在的酵素属于同一类。虽说酵素是细胞的产物，但是它却能离开细胞单独活动。这样的行为有点儿像化学界里的媒婆，它的光顾能够促成各种化学分子快速地结合或者分离，但无论是什么样的反应，它本身并不会出现什么变化。

酶素在化学反应的过程中，永远是第三者的地位，它保持着自己最真实的面目。但这个家伙从来都不守中立，如果没有它的参加，那么化学物质各分子间的关系，就不会变得那样紧张，也不会发生那么快的变化。所以它算是加速了物质之间的化学变化。

如果酶素停止了活动，那么全生物界的进展将会就此停滞。尤其害苦了我！它可是存在于我细胞中的法宝。一旦失去它，那么我的工作就不能进行了。

我拥有了它，就像人类拥有了双手和大脑一样，不管是多么艰苦的生活，都能够积极地克服。有了它，蛋白质碰到我就会立即松散，糖类碰到我就会很快分散，脂肪碰到我就会马上溶解，全部化成简单的物质。有了它，我能够很快地将这些简单的化学品利用起来，组成我自己的胞浆，帮助我完成新陈代谢工作，最终实践清除腐物的使命。这样说来，酶素这件法宝还真是神通广大。那么，为什么它具有这样的能力呢？它的内容结构究竟是怎样的呢？这个问题，可是困扰了科学家先生好长时间。

有的说：酶素本身就属于一种蛋白质。

有的说：出现这样的结果，最主要的原因是提取的酶素不够纯净，它的身体被蛋白质所玷污，这才会被怀疑成是蛋白质。

还有的说：酶素本身是一个活动体，无论到哪儿都拖着一条带有胶性的尾巴，因为那胶性尾巴的勾结，这个活动体才得以完全地发挥它固有的力量！

还有的说：酶素的活动是一种电的作用。就比如说我吧，我之所以能够化解这些腐物，是由于以我的细胞为中心，出现了"电场"，激动了那些存在于腐物基质中的化学分子，促使它们阴阳颠倒，最终让它们的内部结构发生了某些变动，出现了这样的现象。

这真是越说越玄妙了！

本来，清除腐物对我来说就是一个浩大无比的工程。腐物一般是五光十色的，因此酶素的性质也会变得复杂而繁多。每一种蛋白质、糖类和脂肪，甚至有机物，它们的分解都需要特殊的酶素来完成。属于水解作用的，就需有水解的酶素；属于氧化作用的，就需要氧化酶素；属于复位作用的，就需要复位酶素（排比句的运用更加强调了清除腐物是个巨大的工程）……当然，分解的作用有很多种，数不胜数。但唯一能够被证实的是，所有的这些分解作用都需要酶素的帮忙。当然，我那颗孤单的细胞并不能将所有错综复杂①的酶素全部兼收并蓄，而清除腐物的责任，一定是我全体菌众团结起来，才能担负起来的任务！

　　酶素虽然有很强的能力，但它的活动也受到了相关环境的限制。环境中有很多势力都会阻挠它的工作，甚至还会对其进行破坏。

　　环境的温度就是其中一种非常重要的势力。在低温度的环境里，它的工作变得非常迟缓，一旦温度高过了70℃，它就会感受到威胁②停顿下来。在35℃到50℃之间，是它最为活跃的时期。虽然，我也有一种分解蛋白质的酶素，在沸点热力的攻击下能够保持短时间内不灭，这也算是酶素中意志力最顽强的一员了。

　　此外，我的酶素害怕阳光的照耀，尤其对于阳光中的紫外线极其敏感，也怕电流的振荡，尤其是强酸的浸润，当然对于汞、镍、钴、锌、银、金之类的重金属等盐类的侵害也抵抗不了，也怕……

　　我不厌其详地给大家叙述酶素的各种情况，最主要的原因就是它是存在于生物界的一大特色，是消化与抵抗作用最重要的武器，同时也是细胞生命的靠山，尤其是能作为我的工具，帮助我清除腐物（呼应上文。表明酶素的重要性）。我维持生命所需要的呼吸，我工作的吞吐方式，这些全都要依靠我那时刻活动着的酶毒，它们的存在是一种必需。然而，人类却不这样认为，它们又有了反动的嫌疑（猜疑、怀疑，被怀疑某人和某事有牵连）。因为

―――――――――

① 错综复杂：形容头绪繁多，相互纠结，情况复杂。

② 威胁：指用武力、权势胁迫；使遭遇危险。

在人类的体内还存在一种能够溶化病人血球的溶血素，它也是一种酵素，还有那善于麻木人类神经的毒素，也是酵素的产物。但伟大的人类，这些虽然是酵素的变相产物，但也是我那一群野孩子稍有过火的做法，不能全部清算在我的头上，这并不是我全体的罪过啊。

您看到我不辞辛劳地清除腐物得来的成绩了吗？我还有变更土质的伟大功业呢！这个地球的繁荣还真是少不了我，我的灭绝将会给全生物界带来更多难言的苦恼，甚至是绝望！

阅读鉴赏

本文用一种拟人的特殊方式详细地介绍了细菌在人类生活中的重要作用，让读者对细菌有了一个更加具体详细的了解。另外文中还大量运用了比喻、排比等修辞方法，突出地体现了细菌的强烈控诉，告诉人们原来细菌并不全是有害的，它们也给生物界带来了很大的好处，因此我们不能对其执以偏见。

拓展阅读

酿酒的历史

酿酒是中国古代最值得骄傲的工艺之一。对于酿酒来说，原料与容器是谷物酿酒成功与否的先决条件。根据考古专家对出土的酿酒器具的研究，酿酒在中国至少有五千年的历史。远古时的人类最先接触到的应该是某些天然发酵的酒，然后对其加以模仿，经过长期的实践，最终有了这套生产工艺。

经济关系

导　读

　　"我"是菌儿们的大家长,有权力为它们说几句公道话。对于人类的肆意窃取,"我"的孩子们只能默默忍受,但是对于那些调皮孩子的肆意妄为,人类却抓住不放,这对于我们简直是天大的不公平。

　　我正在土壤中夜以继日地工作着,突然见到一片乌云,遮蔽了中国古城的天空,顷刻之间,狂风袭来,带来了一阵火药的气味,几乎让我全身上下所有的细胞窒息。我鼓起鞭毛东张西望,但见平津地区炮火连天,血流成河!这不是又加重了我腐烂尸体的负担吗?

　　这原本是人类之间的相互残杀,与我有什么关系呢?我何必多管闲事。

　　可是不幸的战事倘若再继续下去,就一定会有黑心眼的人想要利用细菌战了。这几年来,细菌战的声浪不是也随着大战的呼声而打得越来越响了吗?

　　那是说,他们即将要请出我那群蛮狠凶顽的野孩子,人们所痛恨的野孩子来作战了,让我的菌儿也卷入了这场本不该属于它们的战争中(表明细菌加入这场战争的无奈,也为下文的叙述做了很好的铺垫)。这怎么能不引起我的注意呢？

本来，我的野孩子们平日里都在与人打交道。战争爆发之后，就为它们攻击人类创造了更多的机会。它们当然会闻风赶到了。

我只要一想到这里，就忍不住打寒战，我的荚膜与鞭毛都战战栗栗不停地抖动着。

将来战事一结束，人类触目伤心，怎么能不责怪我的无情呢？平常的时候，我原本就有传染病的罪名，在战争进行的时候，我又加上帮凶的暴行呀！他们岂不是要更加痛恨我了。

呵呵！我的这些孩子们，简直是害群之马，因为它们的猖獗，让人类统统谈"菌"色变，让很多人尤其认为"细菌"二字是一个不祥而且可怕的词语。这简直是我菌儿的奇耻大辱啊。

老实说，我的大多数的群众，不像资本家，凭借榨取大众而生存；不像帝国主义者，凭借侵略而生存；不像病菌，凭借传染病而生存（对比手法的运用，突出表现了菌众善良、辛勤、自食其力的特性），我的大部分群众都是善良的，是生物界中最辛勤的劳动者，靠着自身劳动所得生存下来。

我在土壤革命的过程中，经常担任几个十分重要部门的工作。在土壤里，我不仅会分担分解腐物从而充实土壤的成分，我还会直接和豆科植物合作哩。在豆根的尖头，我慢慢地爬上弯弯的根须，爬进了豆根的内质，飞快地繁殖起来，由内层复蔓延到外层，让豆根不断地肿胀起来，长出了很多的小瘤子。这就是"豆根瘤"的现象。

就这样，我和豆根的细胞，有了很密切的联系，开始同居。隐藏在豆根内部的我的群众，个顶个的都是技术方面的专家。它们都会吸收空气中的氮，将其转变成硝酸盐，送给豆细胞，作为营养的礼物，同时也接收豆细胞赠予它们的礼物——大量的糖类。

这就是自然界共存共生的好榜样，一丝侵略者虚伪的气息都没有。

种植豆科植物，可以增加土壤的肥沃程度，这是中国古代农民很早就知道的。只可惜几千年以来，吃豆的人们，始终都没有见到过我的活动，我在他们面前好像一直是个隐形人一般（比喻手法的运用，充分说明了古代时候人们并没有认识到细菌的存在）。

一直到 1888 那年，有一位荷兰国的科学家先生出来，慷慨陈词，仗义执言。通过他的研究，才将我在土壤中的伟大功绩表扬了一下。

这就是在农业经济上，我对于人类社会做出的贡献。

在工业方面，我和人类社会建立了更加密切的联系。

人类的工业，最重要的就是穿衣、吃饭两项，在这两项工作中，我的确都尽了最大的努力。

我原是自然界最伟大的生产力。

宇宙是我的基地；地球是我的厂房；酵素就是我唯一的秘密武器。一切无机与有机的物体都是我的原料（生动形象地描述了"我"存在的场所，以及如何创造价值）。

我的菌众一起生产，一起劳动，所制造出来的东西，也都涓滴归公，成为生物界的共有物了。

不料，野心的人类却想要独占，将我的生产成果据为己有。

在显微镜还没有发明的时代，他们虽然不知道我的存在，但是早已发现了我的劳动果实。他们凭着暗中摸索所得的经验，也知道在人工环境中，只要安排好了必需的原料，也可以生产出和我一样的东西。

这事要是放在当初，他们一定以为这就是自然而然的事。到了化学昌明时代，又认为这是化学变化的结果。谁也想不到这是微生物的事呀！

他们所采选的原料，就是我的天然食料，我的菌众在很早以前就预伏在那里面了（形象而准确地说出了菌众动作的隐蔽性）。当人工的环境都适合了我生存的环境的时候，我也飘飘然地不请自来了。

我不声不响地在那儿工作着，创造出大量的生产品。他们却认为这是他们自己的创造与发明。

于是传于子孙，奉为家传秘法。我的劳动成果，居然被这些黑心肝的商人，占为专利品了。

从酒说起吧，酒就是我的劳动果实之一。我的亲属们大多是造酒的天才，特别是"酵儿"与"霉儿"这两种酵母菌。米麦之类的糖类，各式各样的糖和水果，经过它们的光顾，马上就带有酒味了。不过，有些酒味中，还略微带一点儿酸，带一点儿苦，甚至带一点儿臭。这显然表明，在自然界中，有很多滥竽充数的劳动分子充斥在酿酒的生产当中！这些造酒的小技师们，各有不同的个性，不同的酵素，它们所受用的原料，也存在着不同，所以天下的酒，那气味的复杂，就是显而易见的事儿。

这就是酒在自然界的现象。

天晓得，传说中，可能是在大禹时代吧，就有了这样一个聪明的古人，他的名字叫仪狄，偶然尝到了一种酒的酒味，感觉很是香甜可口，就想出法子，自己动手酿造了，自此之后，中国人就有了酒喝。

西方的国家，也有它们酿酒的故事。

<u>于是，葡萄酒呀、啤酒呀、白兰地呀，就连绍兴老酒、五加皮等全部算在一起，酒的花样变得越来越多</u>（举例说明微生物在酿酒过程中的功劳）。

酒也是随着生产力的不断变化而变化的吧！但是在这些生产手段中，我是必须到场的一位。

在自然界，酒就是我的手工业，也是我的自由职业，我就是造酒的生产力。

在人类的掌控之中，酒是我的强迫职务。我就像一个造酒的奴隶，造酒的机器，被人们掌控着，抹杀了我的功劳。

奇异而又不足为奇的是，人类酿酒的历史已经有几千年了。他们却从来不知道有我在活动。

这黑幕终于是揭穿了，这还要归功于胡子科学家先生的功业。在显微镜下，他早已经侦探好了我的行踪。

有一回，他特意研制了十几瓶精美的糖汁果液，打开玻璃小塔之门，邀请我进入参观，结果可想而知了，我到过的地方，一瓶一瓶都有了酒意了。

于是他满意地点点头说道："乖乖，微生物这个小家伙本领还真不小，发酵的过程，都是它一手包办成功的呀（充分地表现出科学家在发现真相之后那种兴奋愉悦的心情）！"

话音未落，他就受到了法国酒商的盛情邀请，看看他们的酒桶里出了什么毛病，如此好的酒，竟然都变得酸溜溜的了。

胡子先生细细地视察了一番，就做了一篇书面报告。大概意思是说：纯净的酒，就应该请纯净的酵母菌进行酿造。酒桶的监督一定要严密，不可以放入乳酸杆菌，或者其他不相关的细菌进去瞎捣乱。

"乳酸杆菌是制造乳酸的专家，哪里是造酒的角色。你们的酒桶就是这样被它搞得一塌糊涂，这是你们这次酿酒失败的最主要原因——用非其才。"

他所说的酵母菌，所指的就是我的"酵儿"。

我那"酵儿"，身子看起来像小山芋一样，直径不足 5 微米，体重只有几毫克。但是现在看来，它还算是我们这个种族里的大胖子呢！

但是胡子先生只知其一，不知其二。那大胖子并非发酵中的唯一能手，我的家族中还有长瘦子，也可以酿造出最甜美的酒。这个长瘦子就是我的"霉儿"。

它身穿蓝色的胞衣，平常时喜欢在潮湿的空气中游荡，四处偷吃食物，捣烂物件，是一个不折不扣的破坏者（动词的运用，生动形象地将破坏者的形象刻画出来）。谁又怎么知道它也会生产，也会和人类发生经济关系呢？

这个就要去问台湾人了。

"霉儿"那一房里面所出的孩子都很复杂。有一个孩子，叫作"黑菌"的，不知道为什么竟然被台湾人拉去参加制酒的劳动了。现今的台湾酒，大多都是由它们酿造出来的。

这一个房里，还有一个孩子，叫作"黄绿色曲菌"的，也曾经被中国、日本与南洋群岛等处的酒商，聘请去做发酵师。不过它所承担的仅仅是初步的工作，是将淀粉变成糖的工作。由糖变成酒的工作，他们又请其他的菌儿去进行了。

我的菌众当中，具有发酵本事的，当然不止这些了，有很多还需要研究专家们进行发掘。酒虽然是发酵工业当中主要的产品，但是甘油在这个战争的年代，也要大出风头了。

甘油，它原本是制造炸药的原料。请"酵儿"去吃碱性的糖汁，特别是那汁当中掺杂了 40% 的"亚硫酸钠"，它在里面好一顿海吃猛喝，于是，就制造出了大量的甘油与酒（举例说明细菌的巨大作用）。

当然，还有一些面包。西洋的面包相当于中国的馒头，都属于大众粮食。它们也须经过一番发酵的手续。这不也是我们的劳动成果吗？

可惜的是，我那有功无罪的"酵儿们"，在面包制成的当儿就被人们用不断高升的热力所蒸杀了。这面包店的主人，是要一面提防"酵儿"吃得过火，一方面要担心野菌的侵入，所以索性先下手为强，从而保证面包领域的完整。

有时面包热得并不透心，这时我的野孩子当中有一个叫作"马铃薯杆菌"的，它的芽孢早已从空气中移驻到面包的心窝了，就乘机暴动起来，于是面包就变成了有酸味的东西。

在人类的餐桌上除了面包和酒之后，还有牛奶、豆腐、酱油、腌菜之类的食品，也都需要通过我们的劳动创造出来。

牛奶，不是牛的奶吗？怎么也需要我们来制造呢（设问句引起读者继续阅读的兴趣，从而引出下文）？

这里我说的是一种特殊的牛奶——酸牛奶。这个东西中国人很少吃，但是欧美人士却把它当作比普通的牛奶还要美味的食物，是有助于肠胃消化的卫生食品。

酸牛奶的酸味是刻意的酸，是含有抗敌作用的酸。酸牛奶一进到人们的肚子里，我的野孩子们就不敢在那儿逞凶了（充分说明了酸牛奶对于细菌有很强的抵抗作用，细菌是不敢肆意妄为的）。

奇异而又不足为奇的是，制造酸牛奶的劳动者，就是造酒商们最最痛恨的"乳酸杆菌"呀！

呵呵！我的"乳酸杆菌儿"，在牛奶的制造过程中，它可是备受欢迎呢！

不仅在牛奶瓶中，有这样的盛景，在制造奶油和奶酪的工厂中，它也能受到人们的一致爱戴。这是因为它是专家，它具备精良的技术，比如奶油、奶酪、酸牛奶等都离不开它。

酸牛奶在保加利亚、土耳其及其他国，是十分盛行的。因为它有助于肠胃蠕动的作用，那里的居民，经常将它恭维成"长寿的杆菌"。这是我的这个孩子做得最美妙的一件事情了。

据说，美国的腌菜所用的乳酸，同样是这些乳酸杆菌儿的杰作。不过，他们在乳酸之外，有时候还添加一些醋酸、酪酸，让它具有了香味。

这些淡淡浓浓的酸，我也都会制造。在法国有一位著名的女化学家，就曾经邀请我到她的实验室里表演造酸的技术（说明制作酸对于细菌来说是一件很容易的事情）。结果，我那个黑色的"曲儿"表演的成绩最佳，它制造出了大量的草酸与柠檬酸。如今市场上出售的大多数柠檬酸，都是它的出品。

豆腐、酱油之类的豆制食物，却是我的黄绿色"曲儿"的出品了。这是因为它具有化解豆蛋白质的能力。

中国制酱油的历史，已经很久远了。只可惜中国人死守古法，不懂得改进，又因为对于我的真相的不认识，在酱油中总会掺杂一些野菌，致使黄绿色曲菌无法专心致志地工作，因此不知道浪费了多少原料啊！

你看，那倭国的商人就比中国人乖巧一些，他们就知道埋头研究，积极在我菌众中物色最干练的酱油司务。

在爪哇，豆制食品也很丰盛，为此他们还专门请了一位小技师，那是我的"棕色曲儿"。我还有几个孩子，被美国人邀请去帮助他们制作甜美的冻膏了。

总之，在吃的方面，我和人类的经济关系，今后的发展真是不可限量啊。

只是，在很多地方，人们都是提心吊胆的（言简意赅地表现了人类在面对细菌时担心、害怕的样子），防着我会侵犯他们的食品。这是因为我那些野孩子的暴行给他们留下了恶劣印象。

那新兴的罐头食品工业，就是人类食品自我保护的一个大壁垒。他们采用高压强热的手段，消灭我在罐头中的潜势力，又将罐头密不通风地封锁起来，让我无缝可钻。这还真是罕见的门罗主义，食物的独占政策，在这里我就不便多说了。

穿的方面呢？人类也尽量利用我们的劳动。浸麻与制革的工业就是一个很明显的例子。

在这儿，我的另一班孩子可是名副其实的技术工程师，所以它们就被工厂的人请去担任要职了。

浸麻，人类在古埃及时代就发明浸麻的方法了，也在很早以前就邀请我担任包工。可是，像造酒一样，他们最初并没有看到我的行迹。

浸麻的原料是亚麻。亚麻是一种顶尖的植物组织，是衣服的上等原料。它的外层，被顽固而有黏胶性的纤维包围着。

浸麻最重要的手续就是除去这些纤维，而这个过程又非我不可。我的孩子们有化解纤维素的才能的也不多见。由此可见，这化解纤维素的本事，还真是难能可贵呢（写出了细菌能够化解纤维素的独特性，以及在浸麻过程中细菌的重要性）。

这个秘密一直到 20 世纪的初期，才被人发现。自此浸麻的工业者，就开始注意到我这群有特殊技能的孩子们了。于是就力图改善它的待遇，在浸麻的过程中，严禁野菌扰乱它们的工作环境，它们在这里可以尽情地吃，当然也不能让自己吃得太过火，才不至于连亚麻组织的本身也吃坏了。

在制革的工厂里面，我的工作尤其紧张。在剥光兽毛的石灰水里，在充满腥气的暗室中，在五光十色的鞣酸里，到处都需要我的孩子们进行合作。兽皮之所以可以化刚为柔而不至于臭腐，我的功劳不可小视。

不过，在这儿，也和浸麻一样，不可以让我吃得太过火，要是连兽皮的蛋白质都啃掉了，那就前功尽弃了。

土壤革命补助了农村经济；衣食生产有利于人类的工业。如此看来，我不仅是生物界的柱石，还是人类的靠山，坦白点儿说：人类离开了我就不能生存。

不要笑，这并不是我大言不惭。

<u>你瞧！那滚滚而来臭气冲天的粪污，都变成田间丰美的肥料了。这些不都是我的力量吗？如果没有我，在粪便处置的这个过程中，人类简直束手无策</u>（充分说明了如果没有菌儿，人类处理粪便时毫无办法的情形）。

由此可见，我和人类并非绝对的对立，也不是永久的仇怨！

那对立，那仇怨，仅仅是我的那些淘气的孩子们的妄动之举。

观乎我和人类层层叠叠的经济关系，也可以了解我们这一小一大的生物间仍有合作的可能啊！

但是人类经常以特殊自居，不以平等对待。自从实验室中的无情之火被点燃，我做了玻璃之塔中的俘虏，我的一举一动都在监控的范围内。我的生产被人类据为己有，从此我的统治权属于那胡子科学家先生的党徒了。我本是自然界当中的自由者，现在再也不自由了，还有什么话说呢！

阅读鉴赏

文章以拟人化的手法，运用比喻等多种修辞手法，突出了细菌在人们生活中的重要性，让读者了解到各种细菌对于人类生活的各个方面所发挥的作用，所以我们要学会正确看待细菌和利用细菌给人们的生活带来更多便利。

细菌与人

人生七期

导　读

当母卵与精虫结合的那一刻，一个全新的生命便开始了它的旅程。而一个人从降生到死亡，需要经历七个重要的阶段，分别为母卵与精子结合、胎儿期、婴儿期、幼童期、青年期、中年期和老年期。这期间，人的身体器官会发生什么变化呢?

从出生到老死，这是一个艰辛的路程，是任何人都要走的一个过程。只是，有的人很不幸，在半路上得了绝症，或者发生了意外，没有安稳地走完这段路，就被死神抓去了。当然，这只是一个意外。

在生的过程中，发育与衰老同时进展。我们一天天地成长，同时也在一天天地衰老。<u>小孩子一个个都盼望着一转眼就可以变成大人，但是成人之后一转眼就又都老了，变成了白发苍苍的老头儿</u>（形象而生动地表达了时光飞逝的情形。提醒人们珍惜时光）。这个由小而大、由大而老的过程，其实并没有什么界限。每天都在成长，每天都在老去。生之日益多，死之辰益近。不过就是看哪一种成分显得格外分明。倘若将一条生命线，强行分成几段，也是可以的。大致上看来，在 25 岁之前，发育的成分很多；25 岁之后，衰老的成分就渐多了。

16 世纪，英国的诗翁莎士比亚，有过一篇千古不朽的名诗，从婴儿

时期开始到垂暮之前，将人生分为七期，描写得十分逼真。大意是说：牙牙学语，在奶娘的怀里抱着的是婴儿；笑口颜开，背着书包儿，不愿意上学的是学童；强吻狂欢，含情脉脉，疯狂谈恋爱的是青年；热血腾腾，意气风发，肆无忌惮，狂妄自大的是壮年；衣冠齐整，面容严肃，大声方步，大肚翩翩的是中年；饱经忧患，面容枯槁，鼻架眼镜，声音微颤的是老年；塌陷的眼眶，没了牙齿，聋了耳朵，舌不知味，记忆混乱，这是到了尽头的暮年（将人不同时期的不同特征都进行了举例，内容丰富、详细）。这样将人生一段一段地分析下来，还挺有意思。

　　但是，莎士比亚的人生七期，是看见了人情世态的变化。现在我们也要将人生分为七期，却是依照生理学上的情形而分的。这七期，不是从婴儿时期开始的，而是从子宫内受孕的母卵作为起点的。

　　从母卵和精虫相遇，受精之后，一个新生命就开始了。自开始至 3

个月，为第一期。这一时期的变化，突飞猛进，最为奇特。在这一段时期里，母卵只不过是直径不足 1／700 英寸的一颗圆圆的细胞，就是这样一个小东西，却早已包含了成人所必须具备的一切重要的结构了（数字的运用使文章内容有说服力，让人信服）。这段时期中，还有几个结构是成人所不具有的，比如第三星期，有鱼鳃的裂痕出现，第六星期，有尾巴出现。在演化论者看来，这分明显示出，人是鱼的后身，兽的子孙了。从母卵一个单细胞起，一变二，二变四，四变八，不断地变着，一直到第三个月，人的雏形已经完成，但仍小得很，只有在显微镜下才可以看清楚。这一期称为胚胎期。

第二期是胎儿期，由第三个月起至脱离母体呱呱坠地时为止，大概有六七个月吧。在这一期中，并没有添出什么花样，细胞依然在变多，已经完成的雏形逐渐长大，逐渐加重，渐渐成熟罢了。

在温暖的子宫内的胎儿，不会有饥饿和窒息的恐慌感。他所需要的食料和氧气，都是从母亲的血液中吸取的，都是从胎盘输进脐带，送给他的。

诞生的时候，这种食物和氧气的供给，突然间停止。于是新生的婴儿，不得不哇的一声哭出来，打通了两道鼻孔，顿时鼓起自己的肺叶，尽情地呼吸着外界的新鲜空气。又"哇"的一声大啼，张开自己的嘴巴尽情地吸取甜美的乳汁，用自己的肠胃来消化食物（动作描写生动形象地刻画出新生儿所做的努力）。

这种食物供给的突变，对于发育的工程，并没有什么重大的影响。不过在初生下来头三天，婴儿的体重略微降低。这多半是因为分娩后那几天乳量不足的缘故，不久就恢复了常态。

从呱呱坠地到两岁乳齿长出的时候是第三期，称为婴儿期。

接下来是第四期，就是幼童期，从 3 岁开始，女童到 13 岁为止，男童到 14 岁为止。在这一期中，每一年的体重都在增加，每一年大约增加 9%。这就是说，例如，体重 40 磅（1 磅 =0.4536 千克）的儿童，每一年增加 3.6 磅，体重 70 磅的儿童，每一年增加 6.3 磅。假如不生疾病，不遇饥荒，这时期身体的重量就会一直向上升，没有上限。

到了第五期，就是人生最宝贵的青年时期了。就像春天的花朵一样，一朵一朵地开出来，可爱红艳，一个个女儿的性格，一个个男子的性格，奇幻巧妙地在这一期中不断成长。一夜之间，不知不觉由娇羞的童女，摇身一变成为多色多姿的妇人；从顽皮的童子，摇身一变成为大声大样的男人。这期间有很多参差不齐、不平等的资质与形态。

青年期，女子的标志是月经来临，骨盆长大，乳峰突起，这些大概在13～14周岁之间就发生了。

青年期，男子的标志是：面部的胡须隐约长了几根；下部耻骨间的黑毛也长了出来；同时就像是喝了什么葫芦里的药，原本又尖又脆的高音，突然之间就变成了又粗又重的沉音。

在滋养得宜的时候，这一期里，身高与体重都在生长，比起儿童的时期，还要来得快，大约可以由每年9%，增加到每年12%。<u>不过，贫苦的大众，平日里都饿肚子，营养不良，又怎么能够达到高速度的发育呢？</u>

> 反问句的运用使感情更加强烈，引起读者共鸣。

不过由这青春的发动而使发育激增并不能持续很长时间。大约两年之后，发育的速度，就会迅速下滑。年满22周岁的当儿，身高与体重，都已经发育完全，不再前进了。

不管怎样，一个人到了23周岁，身体发育在此时都宣告终止。当然在20～30岁之间，从体力方面看，是我们一生中最强盛的时代。运动健儿，可以创造新的纪录，夺得锦标的，都是在这个时期内完成的。

人一旦到了30岁，一切的体力体劲，就要江河日下了。

大概是50岁那一年吧，妇人的月经告别，她的生殖时代，就已经成为过去了。

男子的生殖机能，虽然不像女子那样就此中断，可是一旦过了35岁，也是一天不如一天了。

男子一过了35岁，就一天一天肥大了。圆圆的面孔，双重的下巴，厚厚的颈项，都显得臃肿起来。汗毛越来越粗，胡子蔓延的区域渐广，笨重的身体，挺着大肚子，一步一步不慌不忙地走（细致地描述了男子过了35岁的外貌特点）。35岁以上的人，多少都有这样的福相！

男子一旦到了60岁，生殖的机能，就已经完全静止了。由25岁起，女的到50岁，男的到60岁，是中年期，是一生中的黄金时期，是一生当中最有用的时代，这是第六期。

第七期，60岁之上的人，就已经算是老了，就像一轮红日慢慢西沉，终归于万籁寂静（形象而生动地刻画了老人的生命力已不再强盛，开始走下坡路的情形）。至于怎样老法，下一次再说吧。

阅读鉴赏

人的一生其实很短暂，每一个时期都具有明显特征。作者从生理学的角度将人生分为七期：胚胎期、胎儿期、婴儿期、幼童期、青年期、中年期和老年期。文中主要介绍了各个时期人体的生理特征，重点介绍了人生最宝贵的时期是青年期。

这段文字运用排比、比喻等修辞手法详细描述了人生所要经历的几个重要阶段，语言轻松活泼，内容通俗易懂，让我们对身体各个阶段的变化有了清楚的认识，同时也从侧面告诉我们要珍惜时间，把握时间。

拓展阅读

莎士比亚

莎士比亚是欧洲文艺复兴时期英国著名的作家、戏剧家、思想家和诗人。他所创作的大部分是诗剧，主要作品有《哈姆雷特》《威尼斯商人》《奥赛罗》《罗密欧与朱丽叶》《李尔王》等。他的作品是人文主义文学的杰出代表，在世界文坛史上占有重要的地位。

人身三流

导　读

　　文中从人身的三流说起，细说了泪、汗、尿。在解释了泪的身份后，引导我们去发现泪背后的真相。另外，还为汗和尿做了身份定位。

　　泪无论是哪个民族，哪个国家都会有的。在中国的民众中，不知他们流了多少泪。

　　还没流泪之前，我先想起汗，再由汗想起尿。

　　现在，我想去做一些好事，这些好事是什么呢（文章开头提出问题，引起读者的阅读兴趣）？容我细细说来，这是有关贫民窟里的三宝的事，一般不为他人重视，所以我愿意替它们做一下宣传。

　　泪，有它自己的喜好，在灾民、难民的眼眶里常常是狂涌而出；汗，有它自己的喜好，在车夫、工人的额角、背上常常怒奔；尿，也有它自己的喜好，它总在黑暗的角落打滚。

　　不管是泪、汗，或者是尿，它们都是有生命的水，被压迫而向体外逃亡，因此将其称为"人身三流"。

　　人的身体上所流出的水，并非只有这三种，但这三种是最喜欢抛头

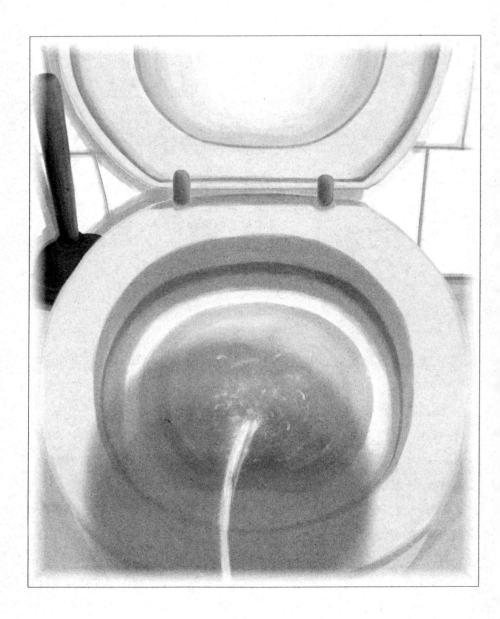

露面的生命水，它们都具有爽直的个性，不存在退缩的心。

中国人的思想观念里，总喜欢把地位尊崇者的一切看作高人一等。因此，在这人身的三流里面，泪占据的位置最高，自称为上流。汗占据的位置次之，它能上上下下地出行，几乎遍布于全身，因此可以称其为中流。而尿呢，不难看出，只有一个位置留给它，那就是被人所贱视的下流了。

从上述的排列中可以看出，尿之不如汗，汗之不如泪，其实就是这个道理。

因此，古今诗人、雅士在吟诗作赋时，都少不了说一两句伤心话，话中所表达的含义——不是断肠，就是落泪，几乎是非泪不足以表达其多情。而泪也就自然而然地变成了多情的产物。泪与茶相比，它可是清高多了。

到了汗这里，他们并不欣赏泪的作为，反而有些讨厌其行为。所以，诗人到了夏天就有了苦热诗，在苦热诗里又似乎不用汗不足以表达其苦。

至于尿，人们不喜欢它，于是将它称为卑鄙下贱的东西。在平常，用它骂人出气是常有的事，但从它们的地位来看，绝对不可以放入诗文，因为这是俗人的谈话，所以极力避免用到尿字。

<u>其实，这是不公平的，也是不正确的</u>（引出下文，为下文写尿做铺垫）。

为什么要这么说呢？这是有根据的。因为我们都被传统的观念所束缚和蒙蔽了。

尿、汗、泪三者无一例外都是人体的外分泌。在干净时，一样的干净，在龌龊时，一样的龌龊。

究其来源，可以发现，其实它们都是从血液里逃出来的流民。

观其内容，尿的内涵最为丰富，汗次之，而泪最为淡泊。然而，它们都拥有同一种共性，就是带点儿酸性的盐水，含有一些"尿素"之类的有机化合物，也有别的物质，暂且不去提它。

论其功用，尿的贡献最为伟大，汗次之，泪就处于可有可无之间了。

泪的故乡位于眼角、鼻骨之间的泪器。泪是一个不安分的家伙，它时时伏于那泪器的门口观望，有时因为心情好，就出来巡逻一番，洗洗眼珠，清清眼皮，偶尔也会坠入鼻子的深渊，一落千丈，瞬间便成鼻涕了。

泪在心理上占有重要的地位，人们之所以这么认为，是因为它和悲哀的情感有密切关系，是因为泪器有细胞的缘故，它与大脑派出的神经有直接联络。然而，有时笑也会流出眼泪；在眼睛受到辣椒、烟雾的刺激后，也会流出眼泪；另外，还有所谓流泪弹（催泪弹）之类的毒品，也能使我们流出大量的眼泪。可以看出，泪实际上是眼睛的保护者、警备队，有自己的工作职责。

人本来就是流泪的生物。从初生到老死是每个人的必经阶段，在这个过程中，流泪的机会有很多。所以，你不用着急泪没有机会去实现它的抱负。但是，中国人的眼泪用得过于泛滥了，各自成为一身一家的疾痛，所流出一点一滴的泪，弱小而无聊，是没有任何意义的。

现在，我国作为东方第一古国的悲剧，已经一幕一幕地揭开了。我们要学春秋战国时代，荆轲和高渐离二位侠士在燕市酒店里，那种慷慨悲壮的流泪。我们希望自己的民众拿四万万大众的热泪，来起到掀波翻浪洗净国耻的目的！

只是泪终究归属于弱者的武器，凭借它来救亡图存，那力量实在是太薄弱了。

泪之后，还必须继之以汗。

现在，我们来查看一下汗的籍贯。原来，汗的原籍是皮肤里面的汗腺。人身上的皮肤，除了外耳道、包皮、龟头之外，其他部位都有汗腺，而汗腺最多的部位当属人的手掌和足底。人体的汗腺数量，总计大约为200万以上（数字的应用增强了文章的可信度）。

汗腺出汗的多少，其数量没有限定。而影响出汗的指数，却要看四周空气的情形，寒暖干湿如何。通常，多跑多动会出汗。当人们受了突然的惊吓后，会吓出一身冷汗，所以，汗也会受到情感的支配。据说，在平常，即便是穿长衫的人，平均每 24 小时也会出汗 2 ~ 3 升。这是因为，皮肤在受到衣服的包围后，使那里面的热气，常在 32℃左右，所以就在无形之中令身体时时出汗了。

不过，这时所表现出来的汗不是水而是汽。大约要经过 33℃的"界点"，汗气才会发生变化，自汗汽变为汗水。

一般来说，汗水和汗气是有分界的，也可以将它们说成是劳力和劳心的分界。

汗水里面的物质，除了盐和水以外，还有尿素、尿酸、肌酸、石炭酸、蛋白素之类的杂烩。其中，以尿素为最主要成分。

当人们刚洗完蒸汽浴，或是经过一番强烈的运动后，会出现满头满身大汗淋漓的现象，都是热汗，而在那些汗珠里面，尿素的成分就顿时增加了许多。

有的人在听了这句话后，并不认同此观点，表现出不大相信的样子。他们认为，尿素这种下流东西，不配在人的头上和身上作威作福。

但是，这的确是生理上的事实。

查其亲属关系，原来尿和汗还是亲家。<u>当尿的尿素减少时，那么汗的尿素就会加多；而当汗的尿素减少时，那么尿素会跑向尿的那边</u>（言简意赅地分析了尿与汗的关系）。至于它们来去的主权，则由大脑掌管，通常由大脑派有特别神经的专家在暗中操纵着。

至于尿的历史，就复杂得多了。在现代疾病的诊断中，很多项目都少不了尿检的参与，想从尿水里追寻出疾病的脏物。尿的地位，虽不高贵，但它的先前性状很神秘，它是牺牲了自己而逃出来的。也有的说，尿是受到压迫不得已逃亡的，它的出逃调和了血液，保全了人身的大局，是人类的恩公。

尿的大本营是肾，而膀胱是它的行营。

肾是人身体的一个部分，它是一副多管的腺，俗名为腰子，又名为腰花，是尿的制造所。

在肾的每个制造所里面，大约有200万颗肾小球以及无数微血管密密地分布在里面。

看到肾小球的数量，也许你会觉得惊奇，这么多的肾小球又该让谁来管理呢？其实，这些肾小球都由小球囊来管理，被小球囊包围着。小球囊与肾小球之间，仅仅隔了两层薄薄的膜：一层是微血管的外皮，另一层是肾小球的外皮。

此外，还要说明的一点是，那小球囊的空间，就是尿管的起点。起初，尿管是弯来弯去的，千回百转，所以人们将它称为盘曲的小管。后来变成了直直的一条，还出了肾，直通尿道，并且到达了膀胱。

肾，这一制尿局，其结构布局是细微而繁复的。于是，生理学者对其进行了研究。<u>在显微镜下，眼睛一动不动地看着，直到眼都看红了，还是纷纷论战，各执己见，但最终也没有解决尿是如何制造的这个问题</u>（说明了这个问题的复杂性，以及生理学家的努力）。

有这样一派学说认为，当血到了肾小球的微血管时，由于受到大血管里的高血压的压力，只得通过那两层薄膜，前往小球囊的所属空间，从而变成了尿。只是那尿太稀了，于是当流过了盘曲的小管的时候，在运行的途中，就会有一部分被两旁的外皮细胞吸收了。至于剩下的，便渐渐地变成了脓尿的本色。

还有一派学说认为，尿是血所滤过的东西。不同的是，他们以为，小球囊中的尿，还不是完整的尿，只是一些无机盐和水，因此尿很稀薄。后来，又因尿在盘曲的小管的运行途中，让另一批尿素、阿莫尼亚之类的有机物，从两旁的外皮分泌了出来，进而加入到了尿的洪流中，于是就变浓了。

在上述的两派学说中，各有各的道理，至于试验依据，等他们决定了，再来谈论。现在，我们只需认为尿是血的后身就足够了。

在众多人的观念中，血是受到人们敬重的，但我们又为何看不起尿呢？

尿，有时带有酸性，有时变得很淡。出现这些因素，都是因为间接地受到食物的影响。喜欢吃肉的人，尿是酸性，喜欢吃素的人，尿便近于淡。当尿变成了碱性后，这时，就会有细菌贼儿前来搞恶作剧。

尿的内容很丰富，除了那些守本分的无机盐和水以外，还有许多杂色分子。其中，最为主要的当属尿素。其他分子还包括尿酸、肌酸、马尿酸、草酸、硫酸盐、氮化酸、氧化酸、氮气、碳酸气、尿胆素、尿色素，它们各有各的来历，各有各的背景，还有分子——有时列席有时缺席，这些都没有计算在其中，真是济济一堂。

当然，天下大了，无奇不有。也有人读了，心中会生疑。有一个马尿酸，为何出现在里面，难道人尿里也会出现马尿吗（提出问题，引出下文，引发读者兴趣）？

在众多学术科目中，出现一些奇特的科学名词是可以接受的，也是可以理解的。我们若真的认真起来，就会变得吃力。如马尿酸，人这种常吃肉的动物，在尿液中很难含有，但是人若常吃素，尿里就会有大量的马尿酸了。

相反，尿酸是吃肉的标号。所以，寺庙的尼姑、和尚等人，若开了荤，自己偷着买了肉吃，那么他们的尿里面就增加了尿酸的成分。若出现这种情况，是瞒不过实验室里的化验员的。

尿中富含的物质既然这么丰富，使得尿的量也变得可观。一般来说，成年男子在 24 小时内所分泌出来的尿总量，可达到 1500 ～ 1700 立方厘米之多。当然，喝水愈多，尿也就愈多，喝茶、咖啡等饮料，也能使尿量增多。还有一点要知道，尿——实际上是血过剩的最好去路。

也许有人就要问了，那尿为何恶臭难闻，它不是屎之流吗？其实，这是传统的一个误会了。现在，我们要解除这个误会。

尿与屎相提并论，是尿百世的冤恨。屎是食物的渣滓，与胆汁相伴，加之硫化氢、粪臭素之类的臭物，使得大量的细菌在那里繁殖、生长。虽然居住在人身的腹地，但并没有受到人肉的同化。

尿是血的一种分泌物。血清，尿清；血浊，尿也浊。若是血糖过剩，那么尿自然也就成为糖尿了。

尿的本味，其实就是阿莫尼亚的本味，它是一种单纯的药味，昏迷的人闻了这种味道，还有利于苏醒。

尿之所以恶臭，是由于离开人身后发生变化的。这一点，并不是尿之本身所犯的罪状，而是细菌犯下的罪状。让细菌吃饱了、喝暖了的东西，就是汗，就是泪，就是血，就是肉。所以，会有哪一件不臭呢？

泪和汗，人们对其是尊敬的。但对于尿，是最看不起的，这也是下流者的不幸。

处于中国贫民窟中的下层民众，也被人看不起几千年了。

这时的民众，泪也竭了，尿也尽了，唯独还有汗可以流。

所以，多喝些革命的水！多喝些抗敌的酒！用此来澄清民族的污浊！流出的四万万人的血，让全太平洋的水变色！

阅读鉴赏

本章不仅语言生动活泼，而且运用排比、拟人等多种修辞手法，将泪、汗、尿这三种人所共知的事物描写得更加形象化、拟人化，加深了文章的趣味性，方便人们理解，同时也告诉我们在日常生活中，一定要注意个人卫生。

拓展阅读

硫 化 氢

硫化氢（H_2S），是硫的氢化物中比较简单的物质。常温时，硫化氢是一种无色、具有臭鸡蛋气味的剧毒气体，因此应在通风处使用，并采取必要的防护措施。

色
——
谈色盲

导　读

　　色盲是一种先天性视觉障碍疾病，指的是从小就没有辨色能力的人。但有些人明明可以认清楚各种颜色，偏偏就只对一种颜色情有独钟。我们不禁好奇：在这个世界中人们是如何看待颜色的呢？

　　在大千世界中，有善于变通的人，也有泥古守旧的人。对那些善变通的人，暂且不提，但对那些守旧的人，在这里要耗费一点儿笔墨谈谈。

　　那些守旧的人，对于色，只认得红，对于其他的颜色，似乎并未放在心上，在他们的记忆里大都模糊不清。他们总以为，红是大喜大吉的象征，有了它，可以升官发财。红是幸运色，有了它有利于讨老婆、生儿子，至于其余的颜色，哪一个配（这是一种反语的语气，感情表达强烈，让人印象深刻）！

　　现在，我们来说说那些糊涂肉麻的人。如《红楼梦》里的贾宝玉之流，特别钟爱红，甚至爱红成癖，对于其他的颜色，似乎都被抹杀了，其他的颜色，哪一个敢同红争艳？

　　可是，在当今的世界，红似乎又带上了危险性的信号。有些人见到这种色就开始猜忌起来。报纸上也曾刊登过，德国有一位青年，由于用了红领带的缘故，被处了六个星期的徒刑。原因是红色有违当局的政治立场。

但是，要申明一点，这里要谈的，并非是这些喜红、爱红的人，而是另外一种人，认不得红的人。

这一种人，对于红的概念，向来都是陌生的。

这一种人，看见了红还以为是绿，见了绿却以为是红。

这一种人，就称之为色盲（排比句的运用，增强了文章气势，使语言更加有感染力）。

现在，我们来给色盲划定一个范围，即它不是假装糊涂，而是生理上存在的一种缺憾。

这些话，色盲者听后，或者能明白其意，不是色盲的人听后，却有些不信任了，还有可能说是造谣。

因此，我必须从色字谈起。色，这种迷离恍惚、变幻莫测的东西，自此以来，有三种人特别关心它（生动而准确地写出了色的错综复杂、难以辨别清楚的特质）。

对于色，物理学者常常去关心它的来路，它的结构。

对于色，生理学者常常去关心它的现实，它和人眼的反应。

对于色，心理学者常常去关心它的去处，它对于心理上的影响。

另外，虽有化学者在研究色料的制造，诗人、美术家在欣赏、调和色的美感；政治家用色来标榜他们的政治立场；市政交通局用色来表明危险与安全。诸如此类的人，对于色，都想加以利用，生怕将其浪费掉。于是，色就此误入歧途了。有关这方面的内容还有很多，现不一一细谈。

物理学者也有他的见解，他说："色是由光的反映形成的。光是从发光体送出来的一种波浪。这一波一浪也是有长短的，太长的，我们无法看见；太短的，同样也无法看见（引用学者的见解让文章内容更加有说服力，使人信服）。"

看不见的光，是没有色的，但是它们不会顾及我们的感受，仍然会在空气中横冲直撞。于是，我们使用间接的法子，去发现它们的存在。如 X 光、紫外光、死光之类。

那些看得见的光，就可以经过分析使其成为各种色了。

通常，发光体所送出的光，大多不是单纯的光，它的内容很复杂，因此所反映出来的色，也就不止这一种了。天空中，满天闪烁的群星，都是极庞大的发光体，令我们感受最深、最为亲热的就是太阳。

地球上存在的一切光，不，应该是整个太阳系的光，都来自于太阳。比如烛光、电光、灯光，或是体积小如萤火虫的光，或是体积更小如某种放光细菌的微光等，它们无一例外，大都受了太阳的恩赐。

太阳的光线，有它自己的穿行轨道，当它穿过三棱镜后，随即受到折射，之后便会现出一条美丽的色系，这条色系主要由大红构成。而金黄、蓝、黄、靛青、绿、紫，在红以上，紫以外的色，就是因光波太长太短的缘故，不得见了。并且，这些色系之间的演变，呈现出渐变，并非是突变。所以色与色之间的界线，就不会那么理想，那么干脆了。

其实，色之所以有那么多种，虽然是由光波的长短不齐的因素造成，但它也是靠着人眼的受用与辨识加以运用的。若没有人眼的参与，色便是空，而有了人眼的参与，空便是色。可见，这太阳的色系，是所有色的源泉。通常，普通的人眼都还无法认清，更何况那些色盲的人。

对于色，生理学者为了弄清现象背后的本质，他们花了好多工夫去研究人眼，又花了好多工夫去研究人眼可以看见的色。之后，他们说：人眼的构造，与照相机的原理相似，最里层，有一片薄膜，称为"视网膜"。那视网膜就好比是底片（准确地说明了视网膜的功用，形象生动）。一种单色至所有色的知觉，其实都在这底片上做出了决定，外加有视神经的支脉，便能直接地通知大脑。

对于色的知觉，一般分为两党：一党为无色；另一党为有色。

何为无色之党？其实，就是黑与白及中间的灰色。

何为有色之党？就是太阳色系中的各种色，加之各种混合的色，如褐色、橄榄色之类。

何为有色之党？其实，有色之党可分为两派：一派为正色，另一派为杂色（三个设问句层层推进，加强了文章的逻辑性与说服力）。

现在，我们来谈一下正色，说得直白点儿，就是基本的色，是纯粹的色。有人说只有三种；有人说可有四种。说成三种的，以红、黄、蓝，或是红、蓝、紫为主要；说成四种的，以红、绿、蓝、紫，或是红、黄、绿、蓝为主要。

总之，无论怎样去判断基本色，都没有关系。关键在于，有了这些正色以后，调制其他的色，就省了很多力，可以在基本色的支持下，去配制其他的色了。因此，有关其他的色，将其称为杂色。据考究，世间的杂色，可达 1000 种之多。

很多人认为，太阳、火焰、血的狂流，归属于热烈的殷红。晴朗的天气，大海里的水，归属于伟大的深蓝。而大地上，一片纯青的草，绿色的叶，一片片黄黄的沙和天然形成的紫石，这些都属于正色。

现在，说说正色之外的色。如傍晚和黎明时刻的霓霞，草地上花儿的瓣，天空中鸟儿的羽，花丛中蝴蝶的翅，河流中金鱼的鳞（排比手法，语言优美，描绘了自然界各种漂亮的颜色），甚至于化学药品展览室里那些一瓶一瓶的染料，这些都毫无疑问属于杂色。

有了色的存在，这个世界似乎多了一分精彩。这些动人而迷人，醉人而吸引人的色，它们相聚在一起，这种交相辉映使人们的眉目都显得生动起来。然而，由于这些色的参与，外界的引诱力也随之而强化，于是把我们带入迷途中，让我们也迷惑起来了。当我们的心房变得不再安宁时，其罪魁祸首就是色。

上述的话都是根据人眼的经验来谈论的。

然而，若将这个世界变成无色的世界，无论是白天黑夜，或是黑夜白天，出现在人们眼前的只是黑白与灰。这样的话，那这个世界是不是太冷落、太寂寞、太清寒、太单调了，说得透彻一点儿，就是太无情无义了。

然而，在这个世界上就有这样一类人，在对于色方面，他们是不认识了。大家都能看见的色，但他们却偏看不见，或者看得很模糊，或是大家看的是红，而他看的却是绿；大家看的是蓝，而他看的却是白；大家看的是黄，而他看的却是暗灰色。

对于这一类人，有的属于天生的全色盲，他们对于一切色都看不见；有的属于一色盲，只是对于某种色看不见；有的属于半色盲，对于色，只是看得不清，是一种模模糊糊的感觉（用排比的手法将色盲的种类完整表述出来）。

然而，最为可怜的，就是那些全色盲。他们的世界比较单调，除了黑、白、灰外，再也看不见其他的色，他们把这个世界看成是无彩色的有声世界。

有关这一事实，人们往往不易发现它。在这潮起潮落的人海里，也不知从哪一代起，或是哪一位古人起，才出现了色盲。对于这点，是没有办法去考究的。对于色盲这个词，也许有好些读者是第一次听说，或者说还从来没有听过色盲这个词。也许，在你的周围，就已经出现了色盲人，只是你或者色盲自己还没有发现罢了。

有关色盲这件事，科学界十分注意。自 18 世纪末英国化学家道尔顿开始，这位科学家本身就是一名色盲，是红色的色盲成员之一。

事实上，认不得红色是很危险的一件事！后来，那些生理学者和心理学者，都逐渐地重视起来了。他们说：陆路、水路的交通枢纽，都是用红色来做危险的标记。火车、轮船司机，如果是红色盲，那将是十分危险的事。在十字路口的大街上，红绿灯是无法指挥到这些色盲的路人的。于是，色盲这个问题就成了市政和交通当局重视的范围了。

那些色盲人，虽然不是那么普遍，但是也到处都有，尤其以男子占多数。据说，男子每 100 人中，色盲者就有 3~4 人；至于女子，情况要乐观一点。女子每千人中，色盲者会有 1~10 人（说明了男女色盲出现的概率，指出了色盲是有性别区别的）。

让人欣慰的是，完全色盲的人很少。最常见的色盲色，为红色，其次是，绿盲、紫盲、蓝盲、黄盲等。

以上的这些色盲，对某种或某些正色会辨认困难，而对于杂色，更是糊里糊涂，往往弄不清楚。

当然，也有一些红盲人，在听了别人说红，自己就从心里揣度。有时红盲人也有他自己的间接方法，他有自己的标准，去认识红，去识别红。因此，当别人说是红，他也不去否认。就这样，要去侦察或判断他们的实情，是属于真红盲还是属于假红盲，就必须用红的种种混合色——杂色，杂色能够拆穿红色盲的伪装，进而也能发现他们的老底了。

在医院，医生检查色盲时使用的各种手段，就是依据这个道理。

现在，我们的敌人，带着伪装，有点儿假惺惺，嘴里声声亲善，但在背后枪炮刀剑，而枪炮刀剑似乎是红，所说的亲善又似乎不是红。所以，中国的民众还是不要变成红盲为好！

阅读鉴赏

人们的世界因为有了色彩而变得更加美丽缤纷。文中主要介绍了不同的色彩以及色彩的形成。色主要分为两大类，一类是黑、白和灰色，另外一类是太阳色系的颜色和混合色。作者介绍了不同的色盲，特别是不能识别红色的色盲，因为红色在交通方面被视为危险的记号。

本章以简单明了的文字和多种修辞手法为我们解释了医学中的几种色盲类型，增加了我们的科学知识。

拓展阅读

色　盲

色盲，属于先天性色觉障碍疾病，可分为多种类型，常见的有红绿色盲。从三原色来看，光谱内的任何颜色，都能由红、绿、蓝三色组成。若能辨认三原色，可归属为正常人；若三种原色都无法辨认，则称为全色盲。

声——声中话耳鼓

导 读

人类之所以能够听到声音，是因为我们生来就长着一对耳朵。耳朵之所以能够听到声音，是因为耳朵的特殊构造与声音的特质。那么，耳朵的构造是什么样呢？声音究竟是个什么东西呢？人对于声音又有哪些选择呢？

在首都，迎接旧历新年的鞭炮声，已经不像以前那样响彻昼夜，铺天盖地地万发齐鸣了。不知道是不是被什么风给吹走了，今年的爆竹声，虽然还是像往常一样从西方开始一直响到东方，但是中间停了好一会儿，才接着响下去，无精打采的，既像是稀稀拉拉的几滴小雨点，又像是水龙头的滴漏，好久好久，才会滴一滴（生动形象地描绘了爆竹声的微弱）。

在这个国难当头的年代，但凡是有些带有庆祝意味的事情，总是让人听起来不顺耳，索性就大放鞭炮，好好地热闹一番，倒也可以将民气稍稍地提升一下，现在这么半死不活地响几声，好像就是在应付了事，让人听起来就更加不耐烦了。

不耐烦，又有什么办法呢？

色、声、香、味、触，这五种感觉，只有声音是防不胜防的，让你很难在短时间内逃出它的势力范围。声音一旦发出来，听不听就不是你能够决定的了，听不听的选择权可不在于你。这一半是由于声音的性质，另一半是由于耳朵的构造。

那么，声音到底是什么呢？

声音是一种像波浪一样的音波。声音在空气中自由地穿行时，空气中的分子受到了震荡，一直勇敢地向前冲，经过了无数次分散和凝集、凝集而又分散的曲折。

音波是由物体发出来的。首先，必须是物体受到了一定的震荡，两个相对坚硬的物体相互撞击，才会发出声音。这音波是一波一波，此起彼伏的，而且声波的长度是各不相同的，有的时候会相差很远。

凡是能够做音乐的音波，都是在我们常人的听力范围之内的。一般波长，最长也只是在 12 ~ 21 米之间，最短不低于 25 毫米（数字的运用增强了文章的说服力及可信度）。

这些音波在空气中的传播速度非常快，平均速率可以达到每秒330 ~ 360 米，但是也需要看穿越空气的温度如何。

不管怎么说，这些适合用来做音乐的音波，都是有一定的规则和韵节的。

不适合做音乐的音波，杂七杂八的没有一丝规律和韵节可言，让人听后感觉非常厌倦。

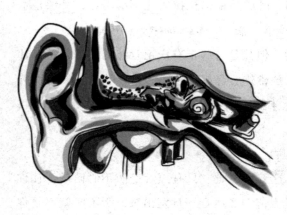

在从前，每到新年，家家户户的爆竹声就像是一首此起彼伏的交响乐，让人听了非常高兴。而今年的爆竹声，由于政府并不彻底禁止，又加上民生的不景气，需要过好久才会爆发出那么三两声，短促而憋闷，听了真是让

人厌恶。

这种声音的不协调叫我感觉到厌恶。

那么，耳朵的结构是怎样呢？

在我们脑袋两边，有两个像翅膀一样的耳翼，是专门用来收集音波的器官。在一些动物身上，它们还会根据大脑的指示而进行活动，然而，只是为了加强声音的浓度和辨别音波的来向罢了。

对于生理学不甚了解的中国人，尤其是街边看相的人，就非常看重这两个耳翼，认为一个人最珍贵的东西都在这里，而且还将两个耳翼的大小作为富贵和寿命的标准。比如，老子的耳朵长 7 寸，因此才可以长寿，刘备的眼睛能够看见他的耳垂，因此他的一生大富大贵。不过，这些都是传说罢了。

其实，如果耳鼓没有受到任何伤害的话，就算是把两扇耳翼都割掉，也能够继续听到声音，只不过这个声音变得有一些特别罢了。那么这两扇露在外面的耳翼，究竟有什么神通呢？

在耳翼包围的最里面，是一条黑漆漆的小岛，叫作耳道。耳道的终点，叫作耳鼓，是一个圆膜形的壁，是声音直接的接收器和传达音波的器官。这一片薄薄的耳鼓膜别看只有 0.1 毫米厚，却也可以分三层：外层是一层像皮肤一样的东西；内层是一层黏膜；中间是一层"接连组织"（排详细说明了耳鼓膜的内部结构）。它看起来就像一个浅浅的漏斗，只不过那个凸起来的尖端，不在正中央罢了，而是位于略偏下的方位。如此看起来就像是一个倾斜的不对称图形，却可以敏锐地捕捉到音波的威胁而振动，一旦这个威胁过去了，耳鼓的振动也就停止了，因此耳鼓只要没有受到伤害，就能够清楚而干脆地听到外界的声音。

紧靠在耳鼓膜的里面有三颗耳骨：一是锥骨；一是砧骨；一是镫骨。三颗耳骨都是因为各自的外形特点而命名的。这三颗耳骨的另一侧有一层薄膜，叫作"耳窗"，又名"前庭窗"。

这些耳骨都是我们身体上最小、最轻的骨头。它们的构造非常巧妙，仅需要小小的音波，就能够让耳鼓全部振动，让音波进入内耳，这样就可以听到声音了。

内耳里面是拥有大量听神经的支脉，叫作耳蜗[①]神经。耳蜗神经里面的细胞非常灵活，不管是多么低微的声音，都能够进行接收，准确地传达到大脑。

现在像爆竹这样巨大的声音，我们怎么会听不到呢！就算我们用双手紧紧掩着两扇耳翼，空气中的分子只要受到了振荡，也总是能够见缝插针般地钻进耳鼓里面。

不过，这也有一个限制。空气并不是时时刻刻都在振荡，有些振荡的速率如果太快或者太慢的话，就会直接到达耳鼓的上面，这样就不能叫作声音了。

我们一般人能够听到的声音，是一种非常低微的振动频率，一般在每秒 24 ~ 30 次。有些人能够听到每秒钟 16 次振动频率的音波。最高的振动频率，只要是在每秒 4 万次以内，我们的耳朵都能够听见。

在这里，每个人都有差别，因为每个人的耳朵对声音的敏锐程度是不一样的。聋子我们暂且放过不说了，有的人虽然不是聋子，但是对于一些尖锐的声音，比如虫鸣鸟叫，就听不见。

爆竹的声音，振动频率并不是太高，但也不是太低，只要距离相差不是很远，每个人都能听到。

现在我们国家的一些人，对于敌人侵略这件事情，就好像是虫声鸟声一样在那里叽叽喳喳地讨论，他们的振动频率实在是太低了，以至于大多数民众都没有办法听见（运用比喻手法说明反对入侵呼声的微弱）。而汉奸及卖国者之类的人们，又似乎是借用这稀稀疏疏的几声爆竹，闹得全世界都听见了，真是出丑，更加让人听得不耐烦了。然而，对这样的现象我们

———————————

① 耳蜗：是内耳的一个解剖结构，它和前庭迷路一起组成内耳骨迷路，是传导并感受声波的结构。

又有什么办法呢？

阅读鉴赏

在旧历的新年里听到爆竹声，引出声音这一现象。声音到底是什么呢？文中详细介绍了声音的性质、波长和音波。耳朵是声音的接收器，作者指出中国人对耳朵过于看重，实际上两扇耳翼对听力没有太大影响。文中详细介绍了耳朵的构造：耳道、耳鼓、耳蜗神经，它们的样子和功能。作者还介绍了耳朵能够听到的声音频率。

文章在一开始就写出了万马齐喑的旧社会，即使是在新年这样一个美好的时候人们也无法从鞭炮声中找到一丝一毫的快乐。再加上卖国者和汉奸之类的人从中作梗，将中国搅得更加混沌。整篇文章结构紧凑，在结尾处突出并深化了文章的主题，给人留下思考的空间。

拓展阅读

声音的范围

蝙蝠能够听见频率高达 120000 赫兹的超声波，它自己所发出的声音也可以达到 120000 赫兹。蝙蝠发出的声音，频率通常在 45000 ～ 90000 赫兹范围内。

狗能够听见高达 50000 赫兹的超声波，猫能够听见 60000 赫兹以上的超声波，但是狗和猫发出的声音，都在几十到几千赫兹的范围内。

香——谈气味

导 读

生活中，总有那么一些人的身上散发着令人作呕的味儿，让与之接触的人掩鼻子不是，不掩鼻子也不是，从而陷入左右为难的地步。这些人身上散发着怎样的气味儿呢？我们又是怎样嗅到这些气味的呢？

气味在人间，除了我们大多数人知道的香味和臭味之外，似乎还有第三种味道，那就是香臭互相掺杂的杂味。

植物中香多臭少，动物臭多香少，矿物除了硫、硒、锑这三种之外，剩下的似乎并没有什么气味。

这些都是鼻子根据它多年的经验得出的结论。

香是鼻子最欢迎的一种气味，臭是最受拒绝的一种气味（突出了鼻子对"香味"与"臭味"严格分辨的特性），香臭不甚明了是第三种气味，也就马马虎虎让它从自己身边飞过去吧。

鼻子是两头相通的，所以从外界飞进来的气味是瞒不过它的，就算是口里吞进去的，甚至是从胃里面吐出来的东西，都瞒不过它。其实，这就好比是捏着鼻子吃苦药，药就显得不那么苦涩了。

然而鼻子有时候会因为一些原因塞住了，比如说，得了伤风及鼻炎之类的疾病，那时候就算你正品尝着世间最香醇的美酒香果，也没有任何味道。

气味到底是由什么东西组成的呢？为什么会有这种区别呢？是不是也是和光波、音波一样，是在空气中振动呢？在很早很早以前，的确有人这样认为，气味和声波一样，用波浪的形式在空气中旅行，一波未平，一波又起。然而，这种观点在今天早被打破了。

现代的生理学者认为，气味是一种从各种物体身上散发出来的细粉。这细粉大概就是气体吧。这种细粉散发出来以后，会渐散渐远，渐远渐稀，最后扩展到各个地方。

但若在旅行的过程中遇到了鼻子，飘到了鼻子里面（真实形象地写出了气味在空气中所处的状态），那么，在嗅觉神经细胞的接触下，不管是香还是臭，或者是两种混合，大脑都会在第一时间做出反应。

据说，同属一类的有机化合物，它的结构越复杂，气味越浓烈。这样看来，气味这东西，似乎又和化学结构上的"原子量"挂钩了。

所以，如果要将世界上的气味分门别类，可就不像我们想象的那样简单了。

于是我想，鼻子还真是一个灵巧的器官啊，不管是什么气味，多么细微，多么复杂（准确形象地将鼻子灵敏的特性展现在了众人的面前），它都能够准确地分辨出来。

鼻子在所有的感觉器官中，算是资格最老的了。

然而文明越是向前发展，鼻子就越不灵敏，生物的进化程度越高，嗅觉也就越坏。

像美洲红人、原始人之类的野蛮民族，他们的鼻子都要比现代人灵敏得多，他们经常依靠鼻子的灵敏性侦查敌人，审查有毒的物体，帮助他们摆脱危险。

狗的鼻子是出了名的敏锐。不管在地上留下了多么细微的气味，狗都能按图索骥，追寻到原主（准确地写出了狗可以通过鼻子所闻到的气味寻找主人）。然而它也只认得熟悉的味道，在它的观点中，这样的味道才是好气味。如果是生人，即便你满身都是香味，它大概也要对你狂吠几声，因为你不是它所熟悉的味道。

昆虫的嗅觉，似乎也属于非常灵敏的那一种，不然屋子里面放了一些食物，蟑螂、蚂蚁之类的小虫子，怎么会千里迢迢出来游历考察呢？

气味的感觉，也是属于"当局者迷，外来者清"的这一类型。鼻子有时也会对一种味道产生疲倦，难道它也和人一样，只有几分钟的热心？因此古人常说："入鲍鱼之肆，久而不闻其臭；入芝兰之室，久而不闻其香。"从生理学的角度上来看，这句话似乎也有几分道理。很多人在自己的屋子中总是闻不到臭味，当他出去跑一圈回来的时候，就会闻到了。

气味有时也会呈现恃强凌弱之势，一味被另一种味道所压迫、遮蔽甚至中和(生动形象地写出了一种气味对另一种气味的压制)。所以两种混合在一起的味道，我们经常可以闻到其中的一种味道，而另一种味道往往就被我们给忽略掉了。正如尸体的味道经过石炭酸的洗浸之后，就只能留下石炭酸的气味了。

因此，人们常采用以香攻臭的战术来消灭他们所遇到的那些不愿意闻到的气味。这种战术，更是被一些富太太运用得炉火纯青，这大概就是香粉、香水之类化妆品严重入超的原因之一吧！

肉的气味都是一样的，本来就没有什么好闻不好闻的说法。有些人会用香水掩盖自己身上某种特殊的气味；有的人使用香水政策向他人谄媚；而有些人则纯粹是想为自己的"外交"打下良好的基础(用排比句式写出了人们使用香水的不同目的)。

然而，毕竟香粉、香水之类的东西和蜜蜂采蜜是一样的道理，从花瓣中采出来、榨出来，终究不是我们本身的味道，而是属于偷来的一种，还是有一点假。

因此我还有一首打油诗送给偷香的贵人们：

窃了花香做肉香，

花香一散肉香亡，

剩下油皮和汗汁，

还君一个臭皮囊。

据说气味还能够和心理扯上联系，这也就使得有人会因为一个人的气味而讨厌一个人，喜欢一个人就会喜欢那个人的味道，这是经常可以看到的事情，而且还有一些闻着味道就能够动了食欲或色情的君子呢。

气味这东西真的是太不可思议了。

这年头，气味有的时候真的会令我们喘不上气来。我们掩住鼻子不去闻不是，不掩鼻子也不是，掩了鼻子，有人怀疑你有不亲善的嫌疑，不掩鼻子又有人说你的鼻子坏掉了，没有用了。

社会上的很多事情都是臭而又臭的，没有一丝香气，又不是第三种的杂味可以让它随风散去，真是让人左右为难啊。

阅读鉴赏

文章通过对气味的描述，进而衍生出鼻子的构造及其作用，在叙述的过程中，引用一些古诗词对文章进行充实，从而增强了文章的文采性与权威性。作者由普通的气味联想到人身上散发出的气味，引人深思：我们生活的社会究竟怎么了？

拓展阅读

气味图书馆

北京有各种各样的图书馆，在三里屯竟然有一家气味图书馆。其实气味图书馆并不是卖书的书店，而是里面有各种不同味道的香水，就像是一个图书馆一样，让香水也成为一本本精致的图书。

味——说吃苦

导　读

　　勾践为了匡扶霸业，卧薪尝胆，那种苦是常人难以想象的。在那个混乱的年代，真是苦字当头啊，不管是身家苦，还是民族苦，苦到让人无法承受，可又不得不承受。

　　<u>国内有汉奸，国外有强敌，爱国受压迫，救国遭禁止</u>（描述出当时中国的境遇）。在这个不知如何是好的年代，我们作为国民，是有说不尽的苦，这份苦真是让人有些吃不消了。

　　在这个极度郁闷的年头，让人不得不想起春秋战国时代的那位忍辱雪耻、收复失地的国君——越王勾践。

　　当时，越国被吴国侵略，几度亡国，勾践简直快疯了。他放弃了温暖的玉床锦被，而选择躺在那冷冰冰、硬生生的由树枝和柴火搭建的柴床上，他每天躺在柴床上，皱着眉头，咬着牙关，思考着如何才能光复国家，怎样才能一雪前耻。想到不能自抑的时候，就会从床头取下黑黄色的胆，放在嘴里尝一下。先不管这是什么胆吧，但是这苦涩的味道的确是常人难以忍受的。

　　这种卧薪尝胆、不忘国难国耻的精神，就算历经万年也是我们难以

忘却的。现在我们的民族已经到了生死存亡的关键时刻，是我们全国上下共同患难的时刻，越王勾践卧薪尝胆、奋发为国的历史，不应仅被当成老生常谈的史料，而应该成为中国百姓奋发图强进行民族复兴的一记警钟，很有重新谈谈的必要。

卧薪尝胆，是一种为了目标而尝苦味，是为了铭记过往耻辱，努力自救，既可以避免发生更加惨绝人寰的变故，也可以保留民族本身就具有的精神。

但是，对于苦味的意义，难道我们还没有深入骨髓般的了解吗？

为什么尝一尝胆的苦味，就会对国家的强盛衰弱起到一定的影响呢（提出问题，引出下文，为下文写苦味打下基础）？

这是因为胆的苦味，触动了我们舌头上的神经，神经立马通知大脑，大脑就会受到来自苦味的威胁，继而从小苦联想到大苦，由小怨想到积压在心中的大怨，由自己的不快想到整个国家的仇恨，于是，局部的侵害影响到了全民族的震撼。胆虽然苦，但是这种苦是有限的。如果我们每一个人都抱着尝胆的决心，那么，力量将是不可小觑的。

大脑派出的这些"感觉神经"，密密麻麻地分布在舌头的肉皮下面。那些神经的最前线，被人们称作"味蕾"，是侦察味道的前哨。这些味蕾的外层有好几个扁扁平平的普通细胞，内层则是六个或者是八个不等的特种细胞，叫作"味细胞"。然而并非舌头上到处都分布着味蕾，有的单有一个孤独的味细胞散在异处，也就能够知道味道了。所以味蕾就好比一队队武警战士，味细胞就是便衣侦探。从口里往来的各种货物，都必须经过它的检查才能允许经过。

从嘴里面经过的客货，大部分都是食品。在这些食品中，有好有坏，有美有丑，只要经过味蕾的审查，就没有一个能偷偷溜走不被发觉的。虽然这种说法略带有一点儿夸张的意味，因为有些时候，无味而有毒的物品，也会蒙混过关。更何况美味的食品，不一定就是安全没有毒的，有毒的食品，也可以通过甜美香料的装饰来过关。就如我们中国的敌人，一面步步尺尺侵略，一面还要口口声声亲善。相比之下，倒是胆的味道好些了，虽然苦涩但是没有毒素，可以时时刻刻提醒我们铭记耻辱，再接再厉地不断奋斗。

味的发生，是因为有味道的那些物品和味细胞的胞浆直接接触的结果。

那些干燥的物品，放在舌头的上面是产生不了任何味道的。要发生味的感觉，那么物体一定要先变成液体，或者是经过口津的浸润、溶化才能得到。这就像是民众的爱国观念，必须首先接受民族精神的训练，国际知识的灌溉。没有经过这些思想的洗礼，做了人家的奴隶和牛马，也会浑然不觉。

味并不是所有的物体都具有的一种特性，并不是物品化学结构上的一种特性。

味是味细胞所特有的一种情绪，特殊感觉，在外物的压迫下而发动。

蔗糖、饴糖和糖精这三种物品，它们的化学结构具有很大的差别，但是它们却都有一种甜甜的感觉。糖精的甜味，是蔗糖甜味的 500 倍之多（数字说明糖精之甜，更具体，更有说服力）。与此相反的是，淀粉和蔗糖属于同一类的东西，反而是白白净净的，一点味儿都没有。

味不一定必须经过和外界物体的接触才会发生，一些人血液的成分，也会引起一些特殊的变化，也会与味发生关系。

糖尿病人由于自身血液中含有大量的糖分，所以每天都觉得自己嘴巴里面甜甜的。

黄疸病人，因为胆汁没有节制地流到血液中，所以感觉总是有一种苦苦的味道。

有的生理学者说，其实这些并不是绝对必要的条件，用电流来刺激味的神经，也会发生味的感觉。如果我们用阳极的电来刺激，就会发生酸味；用阴极的电来刺激，就会出现苦涩的味道。

总之，味的感觉，是一种潜在的味细胞特性，只要不去触动它，就不会发作。

在这一点，味好像和一般民众的情绪一样。不论是国内的汉奸，或是土豪劣绅，又或是从外界冲来的敌人，谁让大众吃苦头，谁就会激起大众的愤怒，一律要反抗，一律要打倒。

生理学家又说：味的感觉，虽然各种各样，但是最基本的味道，却只有四种。那么，是哪四种？

一种是糖一样的甜，一种是醋一般的酸，一种是盐一样的咸，一种是胆一般的苦。

这四种，再加上香、臭、腥、辣、冷、热、油滑或粗糙，就可以产生出各种各样的味道。这些附加在一起的感觉，就会变成混杂的感觉。

所以我们如果塞着鼻子吃东西，那么各种杂味都可能感觉不到。许多杂味，其实是鼻子的感觉，而不是来自于我们的舌头。

孔子在齐国听到了韶乐，就整整三个月不知道肉是什么滋味。这是乐而忘味，而不是舌头麻木了不知道味道了。一旦我们的舌头麻木了，那可是天大的悲哀呀！

纯甜、纯酸、纯咸、纯苦，这四种单纯的味，在舌头上都有着各自的势力范围。舌尖属甜，舌底属咸，舌的两旁属酸，舌根属苦。

生理学者根据不同味道的范围，去测验这四味发生时所需要的刺激力的最小限度。

最后的研究结果表明，每 100 立方毫米的清水里面：

盐，只需放 0.25 克，就觉着咸；

糖，只需放 0.50 克，就觉着甜；

盐酸，只需放 0.007 克，就觉着酸；

鸡纳，只需放 0.00005 克，就觉着苦。

> 侧面表现了舌头对味觉的敏感度。

可见我们的舌头对于苦，是有多敏感。我们的舌根，只需要轻微的苦涩，就会发觉。

真的，我们要知苦，还用不着尝胆哩。

这年头，就是苦字当头，身家苦，民族苦，苦上加苦。

苦是苦到头了，目前需要的，就是对于苦的意义的认识。我们要解除苦的羁绊，就要抱着不怕苦的精神，团结起来，努力向前看。

阅读鉴赏

文章通篇都是描写生活中的各种苦，有内忧外患的苦，有不知如何救国的苦，有生活的凄苦，也有民族的苦，各种苦味交织起来，更加显示了民族的无助。如果民众不吃苦，就没有办法认清楚生活的现实。文章的最后一段语言激昂，激励人们不必去惧怕生活中的苦难，吃得苦中苦，才可以迎来更加美好的明天。

拓展阅读

舌　头

舌头是人体内最为强韧的一块肌肉，是口腔底部向口腔内突起的器官，由平滑肌组成，主要负责感受味觉并辅助进食。人类的舌头还是发声说话的重要器官。

细菌的衣食住行

导 读

　　细菌这个家伙，上天入地，无处不在，任何一个角落都有它们的踪迹。它们寄生在人的身上、动物的身上，免费旅行，自由畅快，它们在自己的小家里生活、生长、繁殖，好不自在。那么，细菌究竟是怎样生活的呢？

　　衣食住行是人生的四件大事，任何一件都是不可缺少的。不仅是人类，就是其他生物也一样，只不过没有人类这样讲究罢了。

　　细菌是一种非常微小的生物，是生物中的小宝宝。这位小宝宝的吃穿住行是怎样的呢？那么就请细菌出来给我们讲一讲吧！

　　不行，我们的肉眼是看不见细菌的存在的，眼珠很小，细菌相较于眼珠小了将近两万倍（充分显示了细菌的体积很小的性质）。幸亏260年前的荷兰科学家列文·虎克先生发现了它。列文·虎克先生一生最大的爱好就是磨制各种各样的镜头，在他的屋子里面，摆放着好几百架自制的显微镜，他每天就在这些镜头下观察各种微小东西的形状。有一天，他正在研究自己的齿垢，忽然他看见好多微小的生物在唾液中游来游去，好像鱼在水中游来游去一样（生动有趣地写出了唾液对微小生物来说非常浩瀚的样子）。这些微小的生物就是我们现在介绍的细菌。自从细菌被发现以后，许多科学家都在苦苦研究，希望能够了解细菌的生活状态。幸好，我们现在已经基本知道了，但是大众对于细菌只不过是偶尔闻名而已，很少有见面的机会，至于它们的衣食住行就更加陌生了。

我们起初以为细菌都是一丝不挂的，但是在之后的研究中才发现每一个细菌都穿着一层薄薄的衣服，科学家们将这叫作"荚膜"。这种衣服是蜡制的，当你把它染成紫色或红色的时候才能看清楚。细菌荚膜惧怕热，如果将它们放在玻璃片上加热，这层蜡衣很快就会消失，露出细菌娇嫩的肤体。它们又很爱面子，当它们到人类或者是动物体内进行游历的时候，都会穿戴得非常整齐，而这层蜡衣就会显得格外分明。细菌的种族很多，穿戴最讲究的就是"荚膜杆菌""结核杆菌"及"肺炎球菌"了，很容易让我们认出来。

细菌的吃是最神奇最复杂的一环，如果我们进行细致分析的话，大概可以写一本食经了。在这里我们就不详细描述，只进行一些简单的介绍吧。细菌就像是一个贪吃的小孩子，一看见能吃的东西就会争抢着吃，不吃干净绝不罢休。它们也有吃荤和吃素的区分，所以就有了动物病菌与植物病菌的分别。大多数的细菌都是荤素兼吃的。<u>有的细菌荤素都不吃却去吃空气中的氮，或者是无机化合物如硝酸盐、亚硝酸盐、阿莫尼亚、一氧化碳之类，有的专门吃铁和硫黄，有的专吃死肉不吃活肉，有的腐菌专吃活肉不吃死肉</u>（连用"有的……有的……有的……"句式，突显文章的气势）。麻风的病菌只吃人及猴子的肉，从来不去沾染别的东西。如果将平常住在水里或土壤里的细菌放到人或者动物身上大概就只有饿死的下场了。然而结核杆菌及鼠疫杆菌等比较有杀伤力的病菌一般来说都很调皮，它们在离开人体之后，还能暂时吃别的东西来生活。在吃的方面，细菌还有和人类很相似的一种脾气，那就是太酸的不吃，太咸的不吃，太干的不吃，太淡而无味的也不吃，大凡人类胃口能够接受的它们都能接受。<u>所以人类正在津津有味地吃东西的时候，它们也在不露声色地偷着吃</u>（言简意赅地写出了细菌吃东西时沉着冷静、不慌不忙的样子）。

细菌的住和食连在一起，很多细菌都是吃到哪就住到哪，在哪里住就吃哪里的东西。它们吃的范围就是这样一步步扩大，然后一步步发展到无止境的地步。而且它们在不吃东西的时候还可以随风飘荡，这样，就可以子孙遍及世界了（别的星球有没有我们没有办法确定，但是有一位德国的科学家在坐气球上升到天空的时候，发现在距离地面4000米的高空还有好多细菌存在着）。大部分的细菌都是存在于土壤中的，而且大部分都居住在粪土中，大约每1克重的粪土就可以住115000000个细菌。这些细菌从土壤中进入水中，再进入家庭，最后到了人和动植物的身上。还有一种细菌叫作"爱热菌"，它们可以存活在温热的温泉里。

在很多细菌的身上都有一根或多根活泼而轻松的鞭毛。这种鞭毛舞动起来就可以让细菌在水中进行飞奔，<u>伤寒杆菌在1小时内能渡过4毫米的路程。这段距离在细菌的眼里可是相当长的，要知道，它们的身长还不及2微米，而4毫米却比2微米长2000倍。霍乱弧菌的飞奔速度更快，它们可以在1小时之内渡过18厘米的距离，是它们身长的9万倍</u>（通过细菌自己的身长和它们的行进速度对比，突出其速度之快），别的生物都没有办法跑得这样快。然而细菌如果只依靠自己的鞭毛游动，肯定走不远。它们既喜欢旅行也喜欢搬家，于是就想出了各种各样的方法。它们看见苍蝇附在马尾上边能日行千里，老鼠藏在船舱里面就能够从欧洲旅行到亚洲，它们为什么就不能附在苍蝇或者是老鼠的身上，岂不是也能够游历天下吗？<u>蚊子苍蝇就免费成了它们的飞机；臭虫跳虱也是它们的火车；鱼蟹蚝蛤就成为它们的轮船，它们自由自在地随处进行观光旅游</u>（通过排比的修辞手法，说明细菌的生命力十分顽强）。不仅这样，它们还可以把人当作它们的坐骑，在这个人身上骑一下再跑到另外一个人身上跳一跳，你看，在电车上，在戏院里，在一切公共的场所，都是它们搭乘旅行的最佳场所。

阅读鉴赏

　　地球上的生物离不开衣食住行，细菌是生物的一种，所以它也有自己的生活方式，离开衣食住行它也会死亡。文中介绍细菌穿着荚膜的衣服，吃的东西多种多样，能够在世界各地居住，哪里有食物哪里就有细菌。它们主要住在土壤里，特别喜欢臭气熏天的粪便，依附其他生物免费旅行，这就是细菌的生活。

　　文章采用拟人的修辞手法，对细菌的衣食住行进行了详细描述，语言活泼可爱，充满趣味。一直以来，让人备感厌恶的细菌在这里变成了和小宝宝一样需要吃穿的生命体，让人忍不住感叹道：它们简直太可爱了！

拓展阅读

热 气 球

　　热气球是用热空气作为浮升气体的气球。对于环球飞行的热气球来说，速度和方向都是非常重要的，它们必须经过慎重选择，以便能够随风进行运动。就像做环球旅行时需要换乘飞机一样，热气球也需要转换气流，只需要飞行员调整热气球的高度就可以了。一般情况下，热气球可以升到十几千米的高度。

细菌的大菜馆

导　读

　　细菌的体积虽然小，但是数量很多，而且它们从来不会让自己饿着。它们在人类的身体里生长着、繁殖着，队伍不断地壮大，除了人类，它们还会跑到动物的体内狂欢，简直是无孔不入。

　　那是人类开始的第一天，亚当和夏娃赤裸着身体，手牵着手，在伊甸园中尽情地唱歌跳舞，嬉戏游玩，满园树木花草，香气袭人。亚当指指天空中飞过的鸟儿，又指指草原上的一群牛羊，对夏娃说："你看，这些都是上帝送给我们的美味呀。"于是小两口儿一起跪在地上，感谢上帝的恩德。

　　这是犹太人的宗教传说。<u>一直到今天，在潜意识里，人类还以为天地万物都是为了人类的食用、驱使和玩弄而存在的</u>（表现了宗教传说对人类的影响是巨大的）。

　　在希腊神话中，奥林匹斯山上的一切都是属于人类的，为人而存在的，比如爱神司爱、战神司战和谷神司食等，因为人的存在而创造出许多神来。

我们古老国家的一切山神、土地、灶君、城隍也都是为了帮助人们更好地生活而设立的，里面的职位也都是为人而虚设的。

这些神话传说中都含有一种自大性的表现，自以为人类就是上苍的宠儿，是地球的主人。

达尔文的《物种起源》出版，给留在人们潜意识中的这种自大观念带来了迎头痛击。他用种种科学的事实，证明人类是从猴进化而来的，猴儿的祖宗又是阿米巴（变形虫），一切动物都是亲戚。这样一说，人类又有什么特别的呢？人类只不过是依靠自己的头脑，得到了一些小遗产，走了狗屎运才成为了生物中的统领者罢了。<u>他们刮了地球的皮，屠杀动物，砍折植物，挖掘矿物，以便能够填饱自己的肚皮，供自己享乐，于是制造出种种的歪理邪说，还自称是万物之灵</u>（生动地描写了人类为达到目的而不择手段的形象）。

布伦费尔先生，是美国的一位细菌学家。一天，他正在约翰·霍普金斯大学的医院实验室里，穿着白大褂，坐在凳子上，俯着头仔细查看着在显微镜下蠕动的某种大肠杆菌。听见我这样说，他不禁大笑起来，不过他并没有把头抬起来，而是用有些不承认我的话的口气说："填饱谁的肚皮呀？恐怕填饱的不仅仅是我们人类自己的肚皮吧，你就没有考虑到，在人的身体里面，还有许多长期存在的食客、短期的食客及来来往往临时的食客呀。一个个两条腿走来走去的动物，还是细菌的大菜馆呀。"

我本来处于一个人的地位，硬着头皮说了上面那些话的时候，就想到了可能会有人出来为难，但是经他这样一问，禁不住倒退一步。不等我回答，他又站起来，转过身子，重新回到实验桌旁，接着侃侃而谈。

"不仅人类的肚皮是一个细菌的大菜馆，就算是狮虎熊象、牛羊犬鼠、燕雁鸦雀、龟蛇鱼虾、蛤蚌蜗螺、蜂蚁蚊蝇，乃至蚯蚓蛔虫，脊椎动物或者是无脊椎动物，只要有一个能够进食的肚皮或者是食管，都是细菌喜欢的大餐馆。不仅仅是这样，鼻孔喉咙还可以说是细菌的咖啡馆，皮肤毛管是细菌的小吃街，地球上的一沟一尘，还都是它们乘凉喝茶的好地方。细菌虽然很小，但是它们所占据的领地之大、子孙之多、繁殖之速和食物之繁，都是人类望尘莫及的。所以，这个世界的主人翁，生物的首席，不如让给细菌来坐。"

他说到这里停顿了一会儿，我赶紧含笑插进去说："那么，这些看起来非常弱小的东西便可以引以为豪了，你的话没有错，强大者不必自鸣得意，弱小者毋庸垂头丧气。大的生物，就像是恐龙一样，因为自然界没有办法继续供养，所以早就灭绝了。现在最大的就是鲸鱼了，但是在海洋中却很少见到它。老虎居住在深山老林中，整天为了生计而奔波，却不一定能够吃饱，偶尔看见丛林里面有一只肥鹿，喜不自胜，结果又被它逃掉了。蚂蚁虽小，但是它们通过合作，昼夜辛苦，却也能够获得足够的过冬食物。<u>生物越小，就越容易获得食物</u>（通过举例得出结论，与上文呼应）。我不打算再拖延时间了。现在就请布伦费尔先生给我们讲一点儿细菌大菜馆的情形吧！"

布伦费尔先生是研究人类肚子里的细菌的专家，他对其中的奥秘可以说是最了解的了。

于是这位穿着白大褂的科学家又开口了。这一次，他清了清嗓子，用一种既庄严却又不失幽默的态度说："我们的这家细菌大菜馆，一开前门首先看到的就是切菜间，壁上有自来水，长流不息，菜刀上下，石磨两列，排成半圆形，其中还有一个粉红颜色的地板，后面是一条直达厨房的甬道。厨房里有一个可以自由缩放的大油锅，里面装有一种强烈的酸汁和酵汁。厨房的后面，就是小食堂和大食堂，它们弯曲绕转，在小食堂里还经常备有咖喱似的黄汁，还有其他油啊、醋啊之类的调味品。大食堂的设备相对来说就比较简陋了，但是宾客却极多，可容无数细菌，有后门，直通垃圾桶。

"这些形形色色的菌客们，有的高高地挺起胸膛，有的弯腰曲背，有的<u>浓妆艳抹，有的大腹便便，有的扎个马尾辫，有的络腮胡子满脸，有的摇摇晃晃，有的一步一跳，有的循循而入，有的昂然直入，毫不客气</u>（生动地刻画了食客们的不同形象）。有从前门入，有从后门入。

"从前门进入的，大都留在了切菜间，偷吃菜根或者是齿垢皮屑。然而经常被自来水冲刷，非常不稳定。但是，如果吃得过火，连墙壁、地板、刀柄都给吃了下去，那么就有了口肿、舌烂、牙痛等病症了。

"这一群食客里面，经常前来光顾的有六大族。一为圆脸儿的'小球菌'；二为像葡萄的'葡萄球菌'；三为珠脸儿的'链球菌'；四为硬挺挺的'阳性格兰氏杆菌'；五为肥硕的'阴性格兰氏杆菌'；六为弯腰曲背的'螺旋菌'。这些怪姓，估计就算是我再介绍一次，恐怕也是记不住啊。

"在刷牙漱口的时候，这些客人就会像看见瘟疫一样，一哄而散，但门虽设而常开，没多久，它们又不请自来了。

"婴儿呱呱坠地的一刹那间，是这个菜馆最冷清的时候，一旦见了空气，一经洗涤，细菌就会顺着味纷纷前来，它们争先恐后，一个个从后门跟跄而入。假如将婴儿的肛门进行仔细的消毒，然后再用一条无菌的浴巾封好，那么这个现象就可以长达 20 个小时，一旦超过了这个时间，细菌就会从乳汁里面混进来。

"<u>在母亲的乳汁中蒙混进来的食客，最多的就是'乳杆菌'，几乎占到了 99%，其中还有大量的'肠球菌'及'大肠杆菌'</u>（<small>表明乳汁中存在着大量</small><small>细菌</small>）。

"如果母亲的乳汁不够吃，但是又不愿意花钱雇奶妈，而选择请母黄牛做奶娘，那么，上演的喜剧就更多了，甚至可以说是五光十色了。数量最多的不是'乳杆菌'而是'乳酸杆菌'。此外还有各种各样的'大肠杆菌''肠球菌''阳性格兰氏需气芽孢杆菌''厌气菌'等，有些时候，里面甚至可以混进去一些如'结核杆菌'一般的刺客，此时情况就更加危险了，所以没有经过严格消毒的牛奶，可千万不能乱吃呀！

"在成年人感觉到饿的时候，只要不吃东西就不会有细菌进来，只要是吃东西，细菌一定跟着进来，厨房里就开始热闹起来。但是我们的胃酸是一种很强烈的物质，细菌还没有吃饱，就被消灭了。只有几种'抗酸杆菌'及'芽孢杆菌'还可以勉强幸免。但是有胃病的人，其胃汁的酸性太弱，细菌就会继续生存下去，并且如'八叠球菌''寄腐杆菌'等竟然可以毫发无伤地继续生存，甚至还可以在厨房里面组织新的家庭，生儿育女，这样一来，病人的胃就会一阵一阵地痛了。

"过了厨房，就是小食堂。这里的食客还不是很多，但是到了食堂的时候，就会流着口水不忍心离开了，于是有好些食客从短期变成了长期的食客，这些长期食客中以大肠杆菌为主。它的足迹可以说是遍布菜馆的每一个角落，不管你是什么肤色的人种，只要是人，它就能存活，每个人的肠内都有它。"

说到这里，穿着白大褂的科学家就用他尖长的右手的食指，指着桌上的显微镜说："我在这显微镜上看的，就是叫作'大肠杆菌'的细菌。

"一到了大食堂，场面就开始热闹了起来，有的摇头摆尾，有的挤眉弄眼，有的拍手踏足，真的是细菌的大本营。有的时候它们也会因为意见不合而争吵起来，扭打成一团，全场大乱。人便觉得肚子里面似乎有一种气在膨胀着，放不出来（生动形象地描述了细菌在人肚子里时的状态）。

"快到后门了，菜渣和细菌就会在像咖喱似的黄汁的陪伴下变为屎。一斤屎大概有四五两细菌哩。这些细菌都是因为吃得太饱被活活撑死了。

"以上所述，都是一些比较安分的细菌，还有一种专门捣乱，破坏身体的细菌，我们不叫它食客，而是叫作刺客暗杀党。这就再请别的专家来讲吧！"

阅读鉴赏

各种各样的细菌只要一有机会，就会进入人和动物的身体里。人和动物的肚皮是细菌的大菜馆。细菌虽小，但是种类、数量众多。最常见的食客有六大族，它们通过奶水进入婴儿的身体。细菌把人的胃当作厨房，生出无数的后代，人也就生了胃病。

文章通过对人类的介绍，将话题轻松转向细菌，继而谈到细菌在人体内寄生，逍遥快活地生活。文中语言幽默、诙谐有趣，甚至将人体内

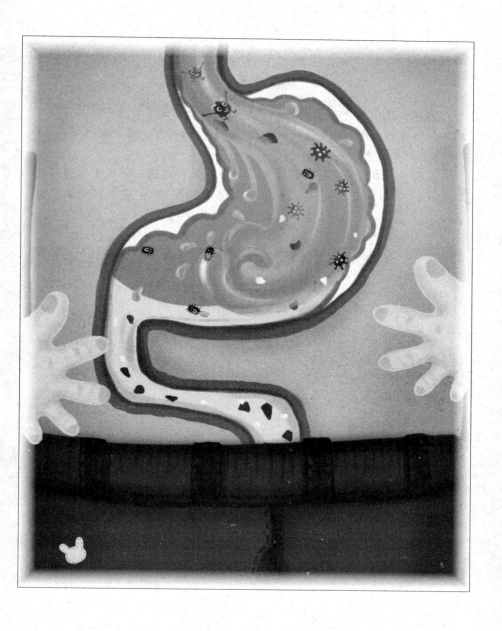

部比作一个大菜馆，细菌在身体内海吃海喝，整篇文章让人读下来轻松愉悦，既让人掌握了知识，又让人忍俊不禁。

拓展阅读

化学元素

化学元素广泛存在于自然界中，是金属和非金属物质的统称。它们只有一种原子，每一个原子核中具有相同数量的质子，用一般的化学方法并不能让它们分离开来。

在这些化学元素中，比较常见的是氢、氮、碳这三种元素。到2007年为止，人类一共发现了118种化学元素，其中94种是在地球上发现的。

细菌的祖宗——
生物的三元论

导　读

　　"祖宗"一词给人的第一印象就是父辈、祖辈……以此类推，一直推到很久以前。其实，小小的细菌也有自己的祖宗，要是没有祖宗，这些小家伙又是从何而来的呢？那么，菌物界的祖宗究竟是谁呢？

　　对于中国人来说，祖宗是他们最为尊敬的长辈，而现在要说的是细菌的祖宗，这个也许对你来说并不是很合胃口，但总归不会非常讨厌吧。

　　不过，中国自古重男轻女的思想都非常严重，所谓的祖宗也都是对于父辈来说的，和母亲娘家的人一点儿关系也没有。每逢年节，祭祖扫墓的事不也从来都是纪念父系这边的人吗（通过描写中国人对祖宗的态度，引出本节的话题——细菌的祖宗）？

　　细菌这种生物，并没有男女之分，也没有雌雄的差别，即使有，也都是一律平等的，没有什么轻重之分。不管科学家们在显微镜下面进行仔细观察，还是望着玻璃器进行试验，搭进去很多时间和精力，也没有分辨出它们哪个是公，哪个是婆，哪个是夫，哪个是妇。

　　那么，细菌的祖宗究竟是谁呢？

　　古今中外的帝王们都有家族的族谱，世家也有列传。可是细菌这一族既没有族谱，也没有人为它们列过传记，所以，基本上属于那种无证可查的悬案，于是生物学者就纷纷议论起来了。

人类和细菌初次会面可以追溯①到260多年前。中国人比较喜欢吃一些香蕈蘑菇，但是这些都属于大菌，和细菌并没有任何关系。

有人说香蕈蘑菇之类的大菌就是细菌的祖宗。提出这个意见的人都认为，小的生物都是从大的生物进化而来的。像蚂蚁、蜜蜂、蝴蝶、苍蝇以及其他一切昆虫的祖宗，就是被称作古生物时代的大海霸王的"三叶虫"。在当时，三叶虫的个头可真的是巨大无比了，它横行在水中，水中的小鱼小兽看见了它简直羡慕得要死，因为谁都想让自己的后代能有一个大大的身躯（说明了块头大对三叶虫来说是个很大的优势）。

又如龟蛇鳄鱼这一类动物，它们的祖宗，也曾经在陆地上称王称霸。那个时代就叫作爬虫时代，那些爬虫如恐龙怪蟒之类，都是非常巨大、非常恐怖的。

我们人类的祖宗，原始人的躯体据说也要比我们现在的人高大很多，这些难道就不是生物从大而小进化的证据吗？

然而有些微生物学者就不乐意了，他们说，单细胞生物是多细胞生物的祖宗，但是单细胞生物却远远小于多细胞生物。经过他们这样一说，似乎生物的演变②，又是由小到大了。

据说最近几十年内，微生物学者又发现了好多具有生命的小东西，小到显微镜都很难发现它们的存在，只有在特殊条件下，才可以观察到。这些小东西像鱼卵一样游来游去的，好不自在。科学家为这些小家伙取了一个奇怪的名字——"超显微镜的生物"。那么，这些所谓的超显微镜生物，是不是就是细菌的祖宗，而细菌是不是其他生物的祖宗呢？

不过超显微镜的生物，和细菌、香蕈蘑菇一样，不能独立地进行生活，

_____

① 追溯：比喻回首或钩沉往事，探寻本质或源泉。

② 演变：指历时较久的发展变化。

必须寄住在其他生物身上（写出了超显微镜下的生物，和细菌有着一样的特性）。这样一来，这种生物就不具备当祖宗的资格了，这和没有主人就不会有客人的道理是一样的。你想，没有其他生物哪里会有寄生物呢？

这样说来的话，岂不是像细菌一类的东西，只配做人家的儿孙，不配做人家的祖宗吗？

生物学者一直都将自然界的生物分成两大类：一类是植物，一类是动物。

既然分作了两界，那么就不如分作三界吧。将菌物这一类也给分进去，就是香蕈蘑菇和细菌这一类的东西。

分作两界最大的理由，就是植物体内含有大量的"叶绿素"，在这种力量的作用下，植物就像是一个饥肠辘辘的乞丐，大口大口地吃着阳光、水和二氧化碳，吃饱喝足之后，待在一边慢慢消化，将这些食物逐渐变成糖类，为自己所用，使自己恢复体力，变得更加强壮。动物却没有这个本事，这是动植物两界的不同之处。

其次，就是因为动物具有独立行走的能力，并不受束缚于土地，而植物除非是将根拔出来，否则也是动不得的，偶尔身上长有鞭毛或纤毛，也只能是局部略略飘动罢了，并不是全身的迁移（显示了植物受限于土地，不能自由行走的特质）。

再次，就是因为动物必须到处寻找维持生命活动的食物，所以感觉神经非常敏锐，而植物并不需要辨认食物，因而它们没有像动物那样敏锐的感觉。

最后，就是因为这两界生物的形态具有很大的差别。动物的身体一般都是缩作一团的，上面有一个可以进食的孔道，而且还长有消化器；植物所吃的东西一般都是气体和液体，这种东西到处都有，而且并不需要消化手续，所以它们的"枝""干""叶""根"都是向四面张开的（运用对比手法，写出了动植物之间的区别）。

现在大个子的菌物，如香蕈蘑菇，都是附着在树干上生长的，外貌

和植物相比并没有什么太大的差别，所以生物学者都认为它是植物的一种。但是在它们的体内却没有一丝一毫的叶绿素，既然没有叶绿素又怎么能够叫作植物呢！

至于细菌这种小小的东西，虽然也有一些生长在土中，但是有的也会随着空气的飘荡而四处为家，有的也会在水中奔波逐流，还有的竟漂泊在动植物身上，就算是人类的肚子里面，也少不了它们的存在。它们身上的鞭毛非常活泼，能够在液体中游动起来，速度简直比汽船潜艇还快。这些都充分地证明了它们是可以自由自在行动的，并不受一些特定环境的制约。况且它们身上也同样没有叶绿素，所以，细菌貌似应该归结到动物一类中。

然而生物学者犹豫了将近半个世纪，还是将它们划分到了植物中的一类，原因是它们的生活状态极似大菌。

细菌族里还有一位螺大哥，看起来弯弯曲曲的，非常像螺丝钉。然且在它的身上没有任何鞭毛，完全依靠自己身体一弯一曲的力量，就能够飞快地游动，因此生物学者又把它拉入动物的行列中。

看起来，这似乎有点儿不公平。但这是生物学的传统观念，认为生物只能有两界，不是植物，那就一定是动物了，他们只看形式，并不管实际是怎么样的。

植物固然有叶绿素，能够自己制造糖分。当这些糖分充分满足了它们的需要时，剩下的那些，就送给动物吃了。

动物有消化器，<u>这个消化器就像分工合作的流动式工厂一样</u>（真实形象地写出了各个消化器官的工作状态），在这里将这些植物过剩的食料，经过分解重新整合起来，变成自己体内所需要的养分。如果植物只管制造食料，动物只管吞吃食料，却没有第三方出来回收这些原料，供植物再次吸收利用，那么生物界离绝食之虞可就不远了。

这第三者的工作，自然就由菌物界的各分子来担任了。

香蕈蘑菇的工作，就是去分解树皮、树干、树枝和树叶这一类坚硬的东西，让它们软化，然后被昆虫吃掉。

细菌的工作，就是去分解动物的尸身，把它们变成各种不同的无机物，好让植物能够直接从土中吸收。

<u>由此可见，生物的循环一般都经过了三个阶段：第一阶段是植物的工作；第二阶段是动物的工作；第三阶段便是菌物的工作了</u>（将这三个过程概括成一段简短的话语，一目了然，通俗易懂）。

生物既然分作三类，那么菌族的地位也就名正言顺了，可以落落大方的，不必再去依靠任何物体了。于是菌族的祖宗也就似乎露出了一定的眉目。

那么，这些眉目在哪里呢？

我们现在可以请达尔文先生出来做一个历史性的见证。在他的《物种起源》一书中指出，一切生物的进化程序，都是一个从简单到复杂的过程。

于是，我们就可以说单细胞生物是所有多细胞生物的祖宗了。

"阿米巴"是最简单的一种单细胞动物，于是阿米巴似乎就名正言顺地成了动物界的祖宗。青苔是最简单的单细胞植物，于是青苔就成了整个植物界的祖宗。细菌是最简单的单细胞菌物，于是细菌自然就是菌物界的祖宗了（运用排比的修辞手法，加强了文章的语气，让人印象深刻）。

这三界同等重要，缺一不可，这就是生物的三元论。

阿米巴、青苔和细菌是生物的三位"教主"。然而，谁才是生物界中的"太上老君"呢？呵呵，那可就真的是渺渺茫茫无从考据了。

阅读鉴赏

细菌是一步步演化而来的，科学家们研究细菌的祖先。有科学家认为，香荨蘑菇之类的大菌是细菌的祖宗。也有学者认为"超显微镜的生物"是细菌的祖宗，而细菌是其他生物的祖宗。还有的科学家把细菌归为生物界，甚至有的科学家把细菌归为动物界，他们各自都提出了自己的理由。科学家将生物分为三界，菌物自成一界。

文章从标题入手，直接切入文章的主题，但由于论据不足而不得不一步步进行论证，逻辑思维严谨，环环相扣，让读者跟随作者的思维一步步前进。最后，经过一系列没有反驳点的论证，证实了生物界应该分为三类，幽默风趣，让人信服。

拓展阅读

三 元

"元"的意思是开始、最初，农历正月初一这一天为年、季、月的开始，所以也叫作"三元"。"三元"还是科举中解元、会元、状元的合称。在道教教义中，三元指的是宇宙生成的本原和道教经典产生的源流，隋唐以后又衍化为道教神仙和道教主要节日的名称，延续至今。

毒菌战争的问题

导　读

　　"毒菌"，只听名字就已经让人胆战心惊，尤其在战争年代，那些丧心病狂的国家利用毒菌作战，让敌对方深受瘟疫之苦，尸体堆积如山。当然，也有一些科学家为了对抗毒菌废寝忘食，牺牲性命……

　　东非的炮声还没有停止，华北已经鲜血淋淋，莱茵河杀气腾腾，太平洋阴风惨惨，战神的列车马上就要进站了，他的前期宣传队正在四处活动（表明当时的世界局势已经十分紧张）。

　　在这风云紧急的时候，又听见一个惊人的消息——这一次世界大战，交战国将要请出毒菌来助战了！

　　帝国主义者难道要利用细菌来消灭我们吗？

　　这真是科学的奇耻大辱，是人类最大的悲哀呀。

　　对于侵略者来说，是最极端的残酷；对被压迫者来说，则是无限的悲哀。

　　弱小的民族们，请睁开眼睛看清楚吧！

　　这是告诉我们，列强是军事野心家，勾结了微生物界，联合苍蝇、疟蚊、鼠蚤、臭虫等向我们发出的一计毒策。

这些想利用毒菌来征服我们的人，简直就是人类中的汉奸，十足的败类。

毒菌，穷凶极恶的毒菌，在过去，人类的历史就是一部掺杂了太多惨痛伤痕的历史，全人类几乎被它们消灭了好多次。

穷凶极恶的"鼠疫菌"，是人类最可怕的一个敌人。欧洲 14 世纪面临黑死病的威胁，就是由它造成的，印度 20 年间由于它而死亡了将近102 万人。

穷凶极恶的"霍乱菌"，从 19 世纪开始兴风作浪，扫荡了 6 次世界。不到一个月的时间，伦敦就多了 4000 具死尸，巴黎更有了 7000 具死尸（用具体的数字说明"霍乱菌"的破坏力，更具说服力，更直观）。

穷凶极恶的"流行性感冒菌"，在 1918~1919 年间杀死的人数，比欧战 4 年间死的人还要多。

还有许多穷凶极恶的毒菌，它们有的是急性的，有的是慢性的，不间断地向人类发起进攻。我们这一生，哪一秒钟不在它的威胁之下呢？

然而现在的毒菌却没有当初的威风了。

这些都是科学家的功劳。

科学的精神就是国际之间进行紧密的合作。科学是没有国界、没有种族的，它是肯牺牲一切，共同向人类幸福前程努力迈进的一种精神。

从第一种毒菌"炭疽杆菌"发现之后，仅仅只有 60 年，防御和救治传染病的方法就基本上被研制出来了，当然并不成熟。不料竟然被一些黑心的人拿来当作武器，屠杀自己的同类。

这不是科学界最矛盾、最沉痛的一件事吗？

这样的人在法国，就对不起巴斯德；在德国，就对不起柯赫；在英国，就对不起李斯德；在日本，就对不起野口博士。野口博士为了研究黄热病，牺牲了自己最宝贵的生命，他是我们所有人都应该崇拜的一位科学家。

在同一国度里，除了那些为人类敢于牺牲自己生命的科学家，还有为了自己而毁灭人类的军阀。这些都是不足为怪的，这只不过是帝国主义经常耍的一个把戏罢了。

科学落伍的中国，在很早以前也发明了火药，但我们只不过是用它来当作制造鞭炮之类的工艺。可是这种技术到了白种人的手里，就变成了大炮和炸弹，成为侵略者的一个工具。而现在的这种毒菌，相比较而言，来得更是简便了。

然而，毒菌的种类很多，攻入人体的方法也是各种各样，有一定的途径，但前提必须是遇着种种机缘，打破重重难关，断然不是想干就干，一干就能够成功的。要知道，它是可以杀死比它大好几百万倍的人呀！

攻人的毒菌，现在已经发现的，大概有六十几种吧！它们基本上都是细菌界的地痞，到处潜伏。人家的身体偶尔受到了风寒，它们就趁冷打劫。那些体虚质弱的人，就更加容易被它们欺侮了。

它们打倒了一个人，就会把他当作临时指挥部，通过这个病人，把更多的细菌传播到别人身上，或者是通过握手，或者是通过所用的茶杯、手巾、钱币、书籍、衣服等传递给别人（交代细菌的传播途径）。

它们尚且以为这是一件非常费心的事情。因为每次要寻到有得病资格的人，就必须在这个人疏忽大意的时候，趁着吃那些没有熟透的食物或者是生冷的水的时候，借机混进去，进入肚肠里去。

要想从鼻孔里进去呢？又必须等到天气寒冷的时候，尘土飞扬、人群拥挤的场合，就算是成功进入了人的鼻孔，但是还有别的问题哩。

于是这些毒菌就想通过昆虫来进行战斗。它们有的挂在苍蝇脚下；有的伏在蚊子口里；有的藏在跳蚤身上；有的躲在臭虫刺边，恨不得立马就进入人的身体内部，去吃那香喷喷的血。可是到了人血里以后，又需要打赢两个冤家，一个是白血球，一个是抗体。

原来毒菌杀人的武器有两种：一种是靠自己的繁衍速度快，以量取胜，伤寒菌就是这一例；一种是盘踞在人体的某一个角落，不停地分泌毒素使人全身中毒而死，白喉菌就是这一例。

因此人体血液中的抗体也有两种：一种是抗菌，一种是抗毒。

只有打破所有的关卡，才能成功杀死一个人。不然，如果毒菌这么容易就取胜的话，人类早已灭亡了。

一场大规模病疫的流行，都有着它自身特殊的原因、特殊的气候和特殊的环境，综合起来才会发生，然而，随着世界卫生事业的进步，这种恐慌已经减少了。

现在，军事的妄想家们，却想利用毒菌来助战。

这就是说，要在敌国造成人工的时疫。这可能吗？我也暂且为它们想想。

选出最凶最毒的菌种，让其大量地繁殖，装入一种特制的容器中，然后通过飞机将容器投下去。投到对方的战地去，投到对方的街市去，让这些病菌像毛毛雨一样在空气中洋洋洒洒地漫天飞舞。然而，这时候，如果对方早有准备，那么只需要简简单单的一个消毒纱布，罩住鼻子，就能安全地度过了。

那么，就在江河湖沼里、在自流井里面散发这种毒菌吧。然而，这时候，如果对方经过严格的训练，不去喝生冷的水，只喝那些烧沸的水，这些病菌也丝毫没有施展的余地。

另外，还有别的法子吗（引出下文对其他办法的叙述）？

有。可以组织病人敢死队，将那些感染上病菌的人送到前线去，或者是在飞机上掷下无数的苍蝇，苍蝇不足，还有蚊子、臭虫、跳蚤、壁虱、死老鼠之类的"疫媒"。

这似乎有一点点可笑，但是事实上却是非常可怕的。

战争本是一种盲目的行动，更何况帝国主义一心残酷，什么事情都做得出来。可怜的就是我们这群缺乏卫生教育的国家，平时缺少卫生训练和预防传染病的常识，到了战时就只能手忙脚乱了。

毒菌战争，不过是玩传染病的把戏，我们如果能解开那层吓人的外衣，那就没有什么可以害怕的了。

然而，可怕的是，战争没有利用毒菌，毒菌却反而利用了战争，造成它们流行的机会。大战之后，必有大疫。欧战死亡的统计，死于瘟疫的人数明显要多于死于战争的人数。

因此，在平时，世界各国对时疫都有一套严密的检查与管理制度，可一旦发生战乱，不免废弛放纵，那流祸是不可胜言的。

这是一件非常严重的事情，不管战争什么时候来临，对于毒菌要讲究个人卫生，不吃生冷食物，不喝凉水，就能及时预防传染病。

阅读鉴赏

文章开篇就提到了严峻的国际局势，帝国主义打算用毒菌来对付我们，从而引起了对于毒菌的一系列描写，用平实的语言给慌不择路的民众打了一剂安心剂。就算是再强的毒菌，只要冷静地面对，终究会有解决的办法。

拓展阅读

生化武器

生化武器是一种借用细菌、病毒等对人、动物、植物造成致命性伤害的武器。它包括生物武器和化学武器两种。作为一种大规模的杀伤性武器，它至今依然对人类产生着巨大的威胁。

清水和浊水

导 读

在自然界中，根本不存在清水，即便是再清澈的水，里面也有细菌的踪迹。甚至可以这样说，地球就是细菌组成的。浊水尚可以加工成为清水，那么人呢？

去年夏天全国各地都出现了罕见的干旱，今年夏天却是江河泛滥，农民叫苦连天，饿殍遍野。很显然，现在最关键的问题就是如何处理水。

伍秩庸先生论饮水说："人身自呼吸空气而外，第一要紧是饮水。饮比食更为重要，有了水饮，虽整天饥饿，也可以苟延生命。人体里面，水占七成。不但血液是水，脑浆 78% 也都是水，骨里面也有水。人身所出的水也很多，口涎、便溺、汗、鼻涕、眼泪等都是。皮肤毛管，时时出气，气就是水。用脑的时候，脑气运动，也是出水。统计人身所出的水，每天 75 两（1 两 =50 克）。若不饮水，腹中的食物渣滓填积，累则成毒。如果能时时饮水，可以澄清脏腑的积污，可以调匀血液使之流通畅达，一无疾病（突出了水对于人身体的重要性）。"这一段话，自然是生理学基础方面的知识。由此可见，在人们的生活中，水是不可或缺的。

然而，一杯水可以救活一个人，也可以杀死一个人。水可以解毒，也可以导致疾病，于是水就有了清水和浊水两种，清水固然不易多得，浊水更是不可不预防（准确鲜明地阐述了清水难得且易浑浊的事实）。

18世纪，英国化学家卡文迪什在进行氢与氧合并实验的时候，得到了一种最为纯净的水。后来法国化学家拉瓦锡也证明了这个实验的正确性，于是我们知道了水是氢和氧的化合物。这种用化学方法制成的水，自然而然就是最为纯净的水了。但是这种水毕竟少得可怜，只能用作清水的标准罢了。

自然界中存在的水，多多少少总是会含有一些杂物，杂物越多，水就越浑浊；杂物越少，水看起来就越纯洁透明。这些杂物里面，不仅包括矿物质，如普通盐、镁、钙、铁等化合物，还有有机物。有机物里面，除了腐烂的动植物，还有活着的微生物。微生物里面，存在着光菌、色菌之类的普通水族细菌，也含有大量对人体有害的病菌，如霍乱弧菌、伤寒杆菌、痢疾杆菌等。

自然界中水的来源，可以分为地面和地心两种。地面的水包括雨水、雪水、雹、冰、浅井、山泽、江河、湖沼、海洋等。地心的水就是深井下面的泉水。

雨水应该是所有水中相对干净的了，然而在雨水下降的过程中，混合空气中含有的大量灰尘，就会顺便带有大量细菌。据巴黎门特苏里气象台的报告，在巴黎，每1立方米的空气中含有将近6040个细菌，巴黎市降下的雨水，每1升中包含的细菌可以达到19000个。在野外空旷的地方，每1升的雨水，细菌含量也只不过是一二十个罢了。

雪水比雨水还要浑浊，这大概是因为雪要比雨点大的缘故吧，所以顺便带下来的细菌也相对要多一些。但是，巴斯德曾爬上阿尔卑斯山的最高峰去寻找细菌，他惊奇地发现，在那里的空气中，几乎没有细菌的存在，基本上达到了无菌的境界。

雹比雨更浊。1901年7月，意大利布雷西亚下了一场大雹，据白里氏检查的结果发现，每1升的雹水中含有至少140000个细菌（让读者更加直

观地感受到细菌的数量之多，分布面积之广）。这大概是因为当时空气震荡得厉害，把地上的灰尘都吹到云霄里去，而雹就是在那里结成的，所以雹又携带着这些灰尘和细菌降落到了地上。

冰是清是浊，主要看冰是由哪一种水结成的。除了冰山、冰河以外，冰都是不干净的，因为成冰的温度下，大部分的细菌还是可以继续生存的。

浅井的水，如果保护得当，架上抽水机，细菌的含量还是很少的。如果井口没有盖，任由周边的灰尘进入，那么一定是非常浑浊的了。

山涧的水，如果没有粪污流入，相对来说都是比较干净的，其中所含的微生物，一般是土壤细菌，对人体并没有什么危害。但是经过一阵大雨之后，细菌的数目就会陡然上升好多倍。

准确而真实地说明了大雨过后，空气中细菌增长的速度之快。

江河的水是最污浊的，因为里面不仅仅包含了水族细菌和土壤细菌，还有大量的粪污细菌，这些粪污细菌都有传染疾病的危险。粪污为什么会进入江河里面呢？这都是因为没有得当的卫生管理和卫生教育，于是一般没有素质的民众就会将江河认为是天然公开的垃圾桶。在这个错误思想的影响下，不知道有多少生命因此枉送呀。

湖沼的水比江河的要稍微干净一点儿。水一到湖里就不流了，因为没有流动性，所以细菌基本上只能自生自灭了，所以我们说湖水有自动洗净的能力，而且湖心的水比傍岸的水更加干净。

海水比淡水干净，离陆地越远就越干净。1892 年英国的细菌学家罗素在那不勒斯海湾测验的时候发现，在近崖的海水中，每 1 立方厘米有 7 万个细菌，离岸 4000 米以外的地方，每 1 立方厘米的海水，只有 57 个细菌了（说明离海岸越远，海水里的细菌越少）。在大海之中，细菌的分布基本上比较平衡，海面和海底的细菌含量基本上是一样的。

从地心涌出的泉水和人工挖掘出来的井水是自然界中最清净的水。据文斯洛的报告，平均每 1 立方厘米只有 18 个细菌。水清则轻，水浊则重。清高宗曾经品尝过来自通国的水，以质之轻重，分水之上下，所以

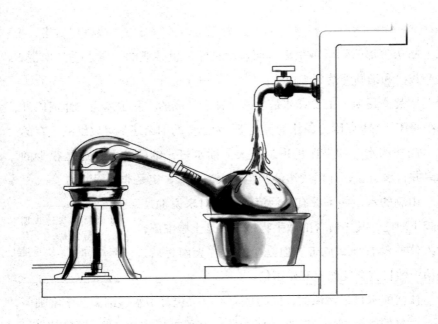

定北平海淀镇西玉泉是第一泉。玉泉的水有没有细菌，即便是有，也是很少的。

水的清浊有点儿像人，纯洁的水是化学中的一种理想状态，纯洁的人是伦理道德中最理想的人，不见世面，他的心必然是清澈的，一旦被社会的灰尘所熏染，则难免污浊了（写出了人心和水都是非常容易被污染的）。

清水固然可爱，但是有的时候也会含有某种病菌，虽然外面看上去清澈无比，却是假清水。如此之水就像假君子，害人却不让人有所发现，反不如真浊水真小人容易让人提防。而浊水，如果将其中的细菌去掉，留下其中的矿质，就是所谓的硬水，喝了还有助于人体健康呢。

化学工作上，经常需要没有任何污染的清水。于是就出现了蒸馏水，一面将浊水煮开，任它进行蒸发，一面收留蒸发出来的雾气，雾气凝结就变成了清水。这种经过改造的水很干净，没有丝毫杂物。

医学上用水，不允许存在一粒细菌芽孢，于是就发明了无菌水。这无菌水就是将装好的蒸馏水放在杀菌器里杀菌，将水内残留的细菌杀灭。

这样经过人为双重改过的水，就是我们目前所知道的最纯净的清水了。

浊水尚可以经过改造成为清水，那么人呢？

阅读鉴赏

细菌有好有坏，毫无疑问，毒菌被列入了坏菌的行列。很多人因为"鼠疫菌""霍乱菌"和"流行性感冒菌"的肆虐而死去。在战火纷飞的年代，毒菌被战争的野心家利用，成为人们作战的武器，有的将毒菌附着在昆虫身上钻进人体，有的把毒菌直接投到对方的战场。自然界中雨水、雪水和冰雹都非常浑浊，浅井里的水、山涧的水、江河里的水比较容易受污染。湖水、海水、泉水和深井里的水都比较洁净，但并不是一点儿细菌都没有。作者联系现实生活，原本最纯洁的心，在踏入社会之后，经过层层污染，有些人变得浑浊不堪，这该如何是好呢？事情总是有可以解决的一面，污浊的水尚且能够变成最为纯净的蒸馏水，那么人呢？

文章通过比喻、对比等修辞手法，详细地描述了清水与浊水在自然界的存在状态和形式，由此联想到人的品格，言语中略带严肃之感，却不晦涩难懂，发人深省，引人深思，留给读者更多思考的空间。

拓展阅读

水至清则无鱼，人至察则无徒

这句话出自《汉书·东方朔传》。整句话的意思是：如果水太清澈，就连鱼都没有办法生存了；人太苛刻，就没有同伴和朋友了。这句话主要是想告诉我们：人需要学会宽宏大度。在这个世界上本来就没有完美的人，要是过于清高精明，苛刻到不能容忍别人的小缺点小错误，那么就会变得孤独，没有朋友。

细胞的不死精神

细胞的不死精神

导　读

　　小孩之所以长大，是其体内的细胞不断分裂的缘故；细胞之所以分裂，是因为有了适合它们生存的环境，可以让它们吃饱喝足。细胞只要有了舒适的生长环境，它便会生生不息，永远生存下去。

　　嘀嗒嘀嗒……嘀嗒嘀嗒（真实地描摹出了钟表行走时候的声响，同时强调了时间的不停留）。壁上挂钟的声音，一刻也不肯停歇地响着，就好像一直在催着我们过年似的。

　　它是不会停的啊！如果没有外力的阻碍，在地球的引力作用下，那个摇摆的挂钟将会永远嘀嗒嘀嗒进行下去。

　　苹果掉落在地上，江河的潮水一涨一退，天空的星球在不停地转动，都是因为地球的吸引力。

　　这是 18 世纪时期英国的科学家牛顿告诉我们的道理。

　　但我想，虽说环境具有一定的阻力，钟的摇摆也会渐渐地停止，甚至还可以用我自己的手把发条开一开，让钟摆一摆，这个时候，钟表就会嘀嗒嘀嗒地继续摇响不停了。

再不然，就是钟的机器坏了，但我们还是可以进行修理的呀。修理不行，还是可以重新进行改造嘛。

我们的这个世界，还没有不能够被改造的货物。不然，那些买卖旧东西的人们，可就要饿肚子啦。

钟摆到底是钟摆，最怕被古董学家们收藏起来，不论环境有多么大的阻力，都可以继续进行摆动。

地心的引力①，环境的阻力，这些都是无法抵挡的，是我们没有办法干涉的事情。但是人类也在一直努力地进行着抗争。不信，你看头顶上飞过的那一架架各式各样的飞机，<u>不是都不怕地球的引力而在高空中自由飞翔的吗</u>（突出表现了人类与地球引力和环境阻力进行抗争的不屈之心）？

这一来，钟摆仍然可以继续嘀嗒嘀嗒地响个不停了。也许是由于外力的压迫，暂时寂静了下来，但经过不断努力修理改造，这样嘀嗒嘀嗒的声音，是万万没有办法绝响的啊！

没有生命的钟摆？在人手的一拨再拨下，将永远无休止地响下去。既然是有生命的东西，为什么会迎来最终的死亡呢？究竟存在不存在永生的可能呢？

死亡与永生，这是一个至今仍然没有肯定答案的问题。

在这年底大难临头的时候，就算是手握重拳的老板掌柜们，也全部是奄奄一息没有一点儿生气，就像是一群盲目乱撞的无头苍蝇一样，没有一个敢站出来反抗，甚至还有人专门勾结强盗，以图分赃哩（淋漓尽致地表现出了人们在战乱是的盲目、混乱状态）。1935年好不容易度过去了，1936年又来了，不知道是一个什么样的光景。不知怎样做人是好，真的是求生不得，求死不能，生死的问题显得越来越紧迫了。

然而这问题不是悄悄地绝望了。

———————————

① 引力：一切有质量的物体之间产生的互相吸引的作用力。地球对其他物体的这种作用力，叫作地心引力。

我们不是坐着等死，科学已经将我们最终的归路和前途都给规划好了。

我们要在生之中探死，死里求生。

为什么会生？生，是因为在天然的合适环境中，我们有一颗持续生长，不得不进行分裂的细胞（一问一答，简洁干脆的语言引发读者的注意和深思）。

细胞是生命的最小单元，是生命最简单的代表。不管是穷得像细菌或阿米巴一样，只有一个细胞一条性命；或者是富得像树或人一样，浑身上下有着数以万计的细胞。山芋的细胞、红葡萄的细胞，也没有比松柏的细胞小多少。大象、大鲸的细胞，也不见得就比蚂蚁、老鼠的细胞大。在这生物不平等的浪潮中，细胞之间的肥瘦相差，总算是差强人意吧。

细胞，不管是属于哪一种生物的，只要落在适合它生长的肉汁、血液，或有机的盐水当中，就会像铁粉见到磁铁一样，立即兴奋起来，尽自己最大的努力去吸收环境为它所提供的滋养料（说明二者之间的引力很大，让人更容易理解）。吸收滋养料，也就是吃东西，这是细胞的第一个本能。

细胞吃饱了就会胀大，直到自己胀得满满大大的，这样又嫌自己太笨重了，于是就想办法进行分裂，将自己一分为二。

分身就等于繁衍后代，是细胞的第二个本能。

分身后，细胞的身子轻小了一半，食欲就又重新恢复到了原来的样子，于是两个细胞一起吃东西，然后分裂……

这样一来，细胞就在一刻不停地扩大自己的数量。

生物之所以能生存，生命之所以能延续，依靠的，还真是这个吃不停的细胞呢！

如果任由细胞不停地分裂下去，小孩子就会长大变成大人，由小块头变成大块头，但是如果继续大起来，那可真是不得了了，小心变成巨人或者是传说中的擎天大汉，或者是像佛经中所提到的须弥山王那么大了（形象而生动地写出了随着细胞的分裂，生物不断变大的事实）。

为什么人一过了青春期，就不会继续生长，而是一天老过一天呢？

是不是细胞分裂得疲惫了，不肯再继续分裂下去？有没有某一个时刻，细胞忽然宣布破产倒闭停业了呀？

　　细胞的靠得住与靠不住，正如银行商店的靠得住与靠不住，不然，人怎么饿得久了，就会瘦，再继续饿下去就会生病，长时间饿下去就会死亡呢？这是不是就意味着细胞亏本崩盘了呢？那么，如果给它无穷雄厚的资源，细胞是不是就会超越死亡的局限，达到一种永生的地步呢？

　　这是一个谜。这个谜，经过几十个科学家毕生的研究，找到了最终的答案。

　　1913年的一天，纽约一所煤油大王洛氏基金所建造的研究院里面，一位戴着眼镜的生理学家葛礼博士，一手拿着消毒过的解剖刀，将一只还存活的童鸡心取出来。在他那轻快的手术刀下，割下了一小块鲜红的心肌肉，并且把这块心肌肉放在了培养液中，然后立即封闭所有的空间，不许细菌飞进去捣乱，从那天起，时不时就会在玻璃管中注入新的滋养汁，保证那块心肌肉的细胞可以吃饱。

　　自那天起，这块小小的肉，每过24个钟头就会长大一倍，直到现在还活着。

　　前几年，我在纽约城参观这个研究院的时候，见过这个宝贝，那个时候，已经活了16年了，而且还在继续增长着。

　　本来，在鸡身内的心肌肉，一年后就不会继续生长了，鸡蛋一旦变成了鸡，细胞的生长速度就会立马减退。而今这养在鸡身体之外的心肉细胞，竟然超越了死亡的极限，一直生长了下去。虽然不是达到永生之域，但是至少，在人工培养之中，还没有听到它停止继续分裂的消息！

　　葛礼博士的这个实验成功证实了细胞的伟大。

　　细胞真可称为仙胞，拥有长生不死的精神和力量。只可惜生活在那死板板的环境中，不能够得到预期的结果。一颗细胞，虽然分身生殖的能力很强大，但是没有一个能够满足这样条件的躯壳，<u>细胞受到了委屈，离死亡就不远了</u>（生动形象地写出了细胞在不良环境下的后果）。

说到这里，又想起了那些寒酸不已的细菌。它们当中有一个非常喜欢喝牛奶的小兄弟，叫作"乳酸杆菌"。当它义无反顾地跳进牛奶瓶里面的时候，显示出了不顾一切的威风，几乎要把牛奶的精华都吃光了（使文章具有十足的趣味性）。后来，也许是因为它吃得太饱了，所以起了酸素作用，大煞风景。因为在那酸酸的环境中，它根本就没有办法生存下去。

这只怪牛奶瓶太小，里面的酸就只好集中起来了。假设牛奶瓶足够大，酸也可以散至"乌有之乡"去。那么杆菌也就可以继续生存下去了。

这是细菌的繁殖，却又受到了环境的制约。

环境限制人身细胞的发展，除了食物和气候外，就是形骸了。

形骸就是人的架子，架子是我们生下来就定好的，任何人都没有办法按照自己的要求去改造，所以不能大，不能小，细胞就又受着委屈了。

据说限制人身细胞发展的因素还有"内分泌"咧。

内分泌可真是一个脾气古怪的大人物，它要求人体内是正正好好的，多了少了都要不得，所以我们暂时可以不去考虑它（从侧面烘托了内分泌对于人体的重要性）。

有人说中国的民族太老了，中华民族的内分泌，一半沦落成了卖国的汉奸，一半变成了没有抵抗意识的弱者，这些因素把中国的细胞都搅得混乱不堪了。

中华民族的生存，也和细胞一样，遭受到了周围环境的制约。内有汉奸的捣乱，懦弱民众的牵绊，外有强敌的步步压迫，已到了生死存亡的关键时刻了。

然而中华民族有着不死的精神和重生的力量。

中华民族本身所具备的不怕死的精神和潜伏的重生力量，都悄悄躲到哪里去了呢？怎么到了这个时刻还不跳出来？！

我们要打破"由命不由人"的思想的禁锢，科学已经告诉我们，任何来自环境的阻力都是可以克服的。民族的命运，最终还是掌握在民众手里。只要全民族团结起来，武装起来，就算是再强的飞机大炮也要逊

147

色三分。

就是敌人把我们的国家宣布了死刑，我们的民众依旧可以齐声呐喊，大劫法场啦！

用人手一拨，钟摆可以不停。

用人工培养，细胞可以永生。

集合民众力量，团结起来，自力更生，抗战到底，中国不亡！

阅读鉴赏

文章通过运用比喻、拟人、设问等修辞手法，以小见大，用激昂的语言将细胞的不死精神描述得淋漓尽致，由此联想到中国，句句振奋人心，词词激情澎湃，让每一个中国人在阅读之后热血沸腾。

拓展阅读

超级病菌

超级病菌是一类对所有抗生素都有抗药性的细菌的统称。它可以使人的身上出现脓疮和毒疱，甚至可以让人的肌肉逐渐坏死。

单细胞生物的性生活

导 读

单细胞也是细胞中的一族，它们中的一些一辈子都不结婚，而有些则不甘寂寞，长大之后开始四处寻找结婚的对象。究竟哪些单细胞是没有性生活的，哪些单细胞是有性生活的呢？这些单细胞又是怎样繁衍后代的呢？

在《西游记》里面，孙悟空有七十二般变化，只需要拔下一根汗毛，迎着风那么一吹，说一声"变！"就可以变出成千上万个和它一模一样的猴子，个个手拿金箍棒，跳来跳去的，来对抗数以万计的天兵天将。假如不这样说的话，大概就显示不出齐天大圣的神通广大了。

纶巾羽扇的诸葛亮，坐在一个四轮车里面，同样利用分身术来吓退敌人的兵马。

这两段故事，虽然有一些荒诞可笑，但是在大众的脑子里，已经烙上分身变化的影子了（表明孙悟空和诸葛亮的形象已深入人心）。

现在，我们来把这个影子拉回到现实中，用它来说明一下在生物学上出现的一种现象。

地球上的所有生物，有哪一个不会变化、不会分身呢？有了分身变化的本领，才可以生生不息存在于这个世界中。

在我们的眼角边，没有一个可以随时用来观看的显微镜，自然界中的一切细腻、灵活、奇妙而真实的生物变动，我们又怎么会看得到呢？那么，细菌也就不会像现在这样自怨自艾了，它还会是从前那个自由自在、快快乐乐的菌儿。

春雷一响，草木一个个地都舒展着自己的腰臂，呵一口气从睡梦中醒过来。一晚上的工夫，原本枯黄的树干上已经出现了嫩绿的枝芽，还有一瓣一瓣的花儿蕊儿。娇滴滴的绿，浓艳艳的红，一会儿看见它们出现了，一会儿又寻不见它们的踪影了。它们到底是怎样发生，又是怎样进行变化的呢？

吃过了一对新夫妇的喜酒，没有多久，就看见这个新娘的肚子开始慢慢隆了起来，一天比一天大。又过了几个月，那新娘的怀里，俨然已经抱着一个啼啼哭哭的小孩子了。在新婚过后，女人的身体上，究竟发生了什么变化，孩子又是从哪里冒出来的呢？

这一类的问题，大概每个人都知道点儿大概，但是没有系统明确地了解过（承上启下，引出下文对上文中所提出问题的回答）。

在显微镜下，不管是拥有数亿细胞的人，还是孤零零的只有一个带点儿寒酸气息的穷细胞"阿米巴"，其变化都是从最原始的一个细胞开始的。这个最原始的细胞，用分身术，一而二，二而四，四而八，八而十六，不断地进行着变化，一直变个不停，于是就变成了现在的这个样子。不过，在这期间，由于经历了一期期的外力压迫，从而一次次地发生突变。于是，就变化的方法也开始改良，随之出现了各种各样的花样。

这些变的方法，总结起来，也不过是孤身独行和配合成双两类罢了。孤身独行的一类，一个一个的单细胞自由自主地分成两个；配合成双的一类，必须是两个细胞相互融合，才能开始一变二变四地分身。前一类很简单，不需要经过结合的麻烦，所以叫作"无性生殖"；后一种，必须有配偶才能发生变化，叫作"有性生殖"。它们的目的都是生殖传种，而方法却有了有性和无性的差别。

单细胞生物，孤单地运用它那孤苦伶仃的细胞，竟然也能够完成生命交给它的使命。

慢一点儿，生存的使命是什么？

这是一切生物共同的目标，就是利用周围的环境和食物，不惜一切代价将本种本族的生命继续、永远地延续下去，保持本种本族在自然界中原先就具备的地位，尽量使本族的本能得到发挥。凡是威胁到种族继续延续的恶势力，就一定要奋力与之斗争；凡是有利于种族延续的，就可以提携互助，共同维护自然界中生物全体的均衡。

总之，保持物种的传递和生物界的均衡，就是生存最终的使命。而同时过程中的一切变化和创造，都是在生活的过程中所表现出来的种种手段罢了。

单细胞生物中，单纯用无性生殖来延续种族的占绝大多数，当然也用有性生殖以传种的。

就无性生殖而言，在过程中也不可避免地要有至少三种花样，它们样样不同，各自有各自的道理（引出下文，起到了过渡的作用）。

从荷花池中和烂泥污水里生长出来的还没有百分之一英寸长的阿米巴，婆娑多态，那条忽伸忽缩的伪足还真是够迷人的。在墙根底下，雨水滴漏处，经过风纷纷扬扬撒下来的青苔绿藓，看起来就像是结成一块的小球儿。它们蔓延到屋瓦，浓绿淡青，既有一点儿古色古味，还有一点儿沁人心脾。

这两种，一是最简单的动物，一是最简单的植物。它们的单细胞中心都有一粒核心，核心里面存在着数量不等的色体。当它们吃饱喝足之后，色体就会首先分裂成两半，然后核心也接着分裂作两粒，到了最后就是整个细胞分裂成两个了。这两个细胞一起生活，一起长大，按照原先细胞的模样又重新再分。就这样，一代传一代，在不到两个小时的时间内，就可以繁衍出无数的细胞。当然了，在这其中也会经历不少细微的波折，如果不是在显微镜下面仔细观察它的变化，是体会不到这种真相的，这就是无性生殖的一种。

圆胖圆胖的"酵母菌"，身上带点儿醉意和糖味，最喜欢吃的就是淀粉了，每天泡在酒桶里面瞎胡闹。吃了好端端的葡萄，吐出葡萄酒；吃了麦芽，吐出啤酒；吃了火上烘的麦粉浆，发成了热腾腾的面包、馒头。就是这样一个小小的"酵母菌"，还真是我们特约制酒厂的大功臣呢！它的单细胞很小，小到还不满四千分之一英寸，中间也包含有一个核心，身旁经常会东一个、西一个地起泡泡。这些泡泡慢慢变大，就成了我们所知道的大酵母，紧接着，就和原有的细胞分家而过了。这种分身法，叫作出芽生殖，是无性生殖的第二种。

水陆两栖的保卫者青蛙，是我们生活中经常可以看到的一种动物。还有"两寄"的疟虫，可惜大多数人一生也没有机会和它碰面，然而我们这些小老百姓，每年夏天，多多少少都会着了它的道。这疟虫，是一种吃血的寄生虫，属于单细胞动物，和阿米巴大同小异。

疟虫两寄，是哪两寄呢？

一是寄生在人身上。它可以钻到人的红血球中，吃血维持生计，有时候吃血吃得烦了，就会变成雄与雌，趁着蚊子咬人的时机，再钻到蚊子肚子里去。一是寄生在蚊子的身上。它在蚊子的胃里混了半辈子，经过演变之后就会变成镰刀形的疟虫，藏在蚊子的口津里，当蚊子再一次叮咬人的时候，就又重新寄生到人的身上。就这样，一会儿在人身上，一会儿又在蚊子身上，就被人们叫作"两寄"。

本来我们人类和它都算是生物，也可以通融互惠一下，寄住在这儿也没有什么，但是却恨它阴险成性，专门趁机破坏我们的组织，杀害我们正常的血球，让我们深受其害。忽而一场寒流袭来，便觉得身上一阵冷一阵热的，性命交关，万不得已买盒"金鸡纳霜"，把这无赖的疟虫消灭干净，还我们原本就健康的身体！

当疟虫趁机钻进红血球里之后，就会很听话似的蜷伏在那里一动不动。就这样，它坐在那里，一点儿一点儿地把红血球里面可以用来吃的东西全部吃光，等到自己肥大起来的时候，就会变成 12~16 个小豆子似的"芽孢"，最终，它们胀破了红血球，奔散到血液的狂流中，各自寻找新的红血球。到了这个时候，病人就会不自禁地打着冷战，就像没有穿衣服站在寒风中一样，没多久，就又全身热烫起来。那疟虫就这样不断地寻找新的红血球进行吸食，试想，就算有再多的红血球，能经得起它的节节进攻、步步压迫吗？这种利用芽孢来传种的行为，就叫作芽苞生殖。这是无性生殖的第三种花样。

但是像这样专用分身来延续种族的办法，是一条永远行得通的妙计吗？分身术可以传之万世、万万世，那么，太阳究竟会不会灭亡，生物会不会因为这样的传递而绝种，会不会有那么一天，再也没有办法继续分裂下去了呢？然而，那一天终究没有到来。我们也没有见证过，所以，一切还不能妄下判词。

不过，自然界早就为杜绝这种现象做了一定的预防。物种生命的第二道防线，已经安排好了。

呼应上文，承上启下，引出下文。

这道防线，就是有性生殖。

有性生殖，就是和配偶一起进行繁殖。它的功用，就是加强物种之间的繁衍力度，使生殖的机能激增，两个不一样的细胞合作，就会多一个生力军，也就多了一重变化的因素。

孤零零的一个细胞，孤单地进行着变化，多少总是有一点儿寂寞、单调。然而现在好了，只要寻找到一个终身的伴侣，就可以得到贴身的安慰，地球也就不那么孤单了。

然而，无性生殖，根本就不需要过性生活，好别扭，就像是尼姑、和尚那样六根清净，无牵无挂，逍遥自在，吃饱了就分，累了就再吃，岂不是很好？有性生殖，可就太忙了，它们一边忙着找配偶，一边还要忙着结婚，哪里还有多余的自由啊！

但是，太信任自由很容易就会陷入孤独中，一旦遇到暴风雨的袭击，也很难支持下去。

于是生物开始由最初的无性生殖发展到了有性生殖，换一句话来说，就是摆脱了独身主义，开始进入婚姻时代。

在单细胞生物中，有一种没有性别区分却是有性生殖的，"草履虫"就是其中的杰出代表。

草履虫生活在池塘中或者是烂泥污水里。它是一个小白点，一个会游泳的小白点，把它放在显微镜下面，就会发现它的形状像极了南国田夫所穿的草鞋，全身还飘扬着一层细细的绒毛。它就是靠这些绒毛的鼓动前进或是后退的。它真是稳健得很，虽然是一种单细胞的动物，却有口，也有食管，还有两个用来排泄的"收缩泡"，也有两个核心，一大一小。

有了这一大一小的核心，草履虫生殖传种的花样就要复杂得多了。

起先是它们的身体很长，可以容纳两个分裂的小核心，继而大核心也会分裂成两个，口、食管、收缩泡等却统统化成细胞浆。于是它们的身体从中间分开，就变成两个独立的草履虫，口、食管、收缩泡等，则会在新的身体上各自长出来。大约每24小时，草履虫就会分裂一次，据说有人曾经观察它的分裂，分到2500次还在继续进行呢！

但不知道怎么回事，它最后还是老迈无能了，就赶紧找一个同伴结婚了。这两个草履虫相偎相倚，紧紧贴在一起，互相交换小核心，情形可谓难舍难分。总之，经过了这次婚姻，两个草履虫又重新焕发了青春，它们彼此珍惜，各自分成两个儿子，又分成四个孙儿，一共分成八个青春活泼的草履虫。

这虽然也是有性生殖的一种，但不分阴阳，也没有雌雄的区别，随便找到一个同伴，就可以相互结合。

那么，两性结合，又是怎么一回事呢？

话又说到前面去了，不是之前提到吃血的疟虫就是利用芽苞生殖法，来对我们的红细胞进行破坏吗？它如果就这样一直吃下去，老是躲在血球里面，怎么会有我们看见的这种威风凛凛的架势？重见蚊子的肚肠，

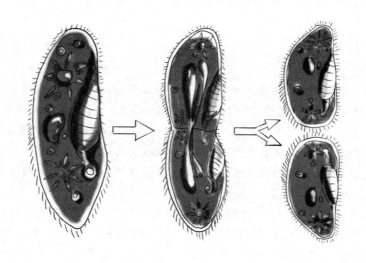

然后把蚊子当作自己旅行的飞机，便降落到另外一个人的血液里面去了。

疟蚊也深深地知道疾病的趋势，明白如何对付人类。它在人的血液里面传了好几代，儿孙满堂，都在饮血狂欢。不知哪里听到蚊子飞过来的消息，这些疟虫的虫儿虫孙，就会躲在细胞中不肯继续分芽苞，然后摇身一变，变成了雌雄两个细胞，非常威武。

有一次，一对疟虫新夫妇，它们正在暗红的血洞里进行游览，忽然看见从外面插进来像刺刀一样的圆管，知道是蚊子的刺，顿时就沸腾了，都明白这是来接它们出去的，于是它们一对一对地，跳进这个刺管中，进入蚊子的肚子里。在蚊子肚子里，那雄的细胞，就会立即释放出好多条游丝一样的精虫，哪一条精虫跑得快，就会首先钻入雌细胞中，与核心结合，结合后，慢慢地胀大起来。它们再重新分成了无数小镰刀似的疟虫芽苞儿，等待着下一轮的人血之旅。

这就是雌雄两性生殖最简单的一个例子。

这一篇所讲的是一些形形色色的东西，是单细胞生物性生活的种种情形，至于多细胞生物是怎么样进行的，那是后话。

阅读鉴赏

　　单细胞生殖方式主要有两种，一种是以细菌为代表的无性生殖，另一种则是有性生殖。但不管是哪一种单细胞，都需要生长、分裂，细菌也不例外。在日常生活中，单细胞繁衍后代的方式极为特殊，而且各有各的生活习惯，各有各的性情，比如有些喜欢性，有些讨厌性。有些需要性达到生儿育女的目的，有些自己就可以完成传宗接代的任务，不得不承认，小小的细胞，真是千姿百态啊！

　　文章通过运用对比、拟人、场面描写以及大量形态描写，将不为人知的单细胞的世界描绘得鲜活动人，令人浮想联翩。整篇文章通俗易懂，生动有趣的语言让原本枯燥的事物变得生动起来，勾起了读者的阅读兴趣。

拓展阅读

细　胞

　　细胞没有一个统一的定义。在科学界，一种比较普遍的说法就是：细胞是生命活动最基本的单位。一般来说，细胞可以分为两大类，一类是原核细胞，一类是真核细胞。迄今为止，人类所发现的最大的细胞就是鸵鸟的卵子。

新陈代谢中蛋白质的三种使命

导　读

　　蛋白质是生命延续不可缺少的一种营养元素，缺少了它，身体就会出毛病。细菌里面的核糖体是蛋白质合成的场所，但这并不代表着蛋白质是细菌的一部分。那么，在细菌核糖体中，蛋白质到底是怎样工作的呢？

　　"新陈代谢"这个词，在大众的脑子里，似乎一直都没有什么印象，就算有，也不是十分深刻，有好多读者，似乎还是第一次看见这个词。

　　但是最为人们熟识和欢迎的，大概还是那个打头的"新"字，尤其是充满新年气息的当前。

　　现在有很多人都在忙着置办年货，忙着过新年。国难虽然已经险恶到了这个地步，但是民众对于吃年糕的惯例还是不愿轻易放弃的。虽然旧历废了，但是不管是新还是旧，人们依然会来光顾街坊上的年糕店，大家伸着脖子，活像是鹅的脖子那样长，伸着手，把钱使劲往年糕店老板的手里塞，望着玻璃柜子里的年糕，好像生怕卖完了一样（从侧面写出了国民喜爱吃年糕的心态）。

　　只要每年的年糕足够吃，人人都吃得起年糕，每个人的脸上就会绽放出笑容，这在中国，是永远不会没有的现象。

倘若要是只有那些要人、阔人、名人等，甚至是汉奸都可以吃得津津有味，但是我们贫民、灾民、难民躲在一个死胡同里，吃些又苦又咸的东西，甚至是自己的眼泪（运用对比手法，突出不同人生活的差异性），那就算中国真的没有灭亡，那我们也没有办法继续忍受下去了。

就有那些人，整天不吃别的，就知道吃年糕，岂不知把年糕当作自己的主食，也会对身体造成危害。因为平常的年糕里，最主要的成分就是米粉、糖及脂肪，其中的蛋白质含量是少之又少，而蛋白质却是我们身体的重要一环，吃得少了，是万万不可以的。

人们说："'蛋白质'又是一个新鲜的名词，太过于生硬，有些咽不下去。"

化学家就解释说："在动植物的身上，能够找出来的有机氮化物，大部分都是'蛋白质'。例如，鸡蛋的蛋白，几乎都是蛋白质，蛋白质也因此而得名。蛋白质不但结构复杂，而且种类也很多。蛋白质存在于一切的活细胞里面，是细胞最重要的成分。地球上所有的生活作用，没有它不行，在动物的饲料中，没有它也不行。"

蛋白质存在于一切生物身上，是生命存在最基本的力量。在国难当头的时刻，爱国救国的学生运动就像蛋白质一样成了挽救我们民族最基本的力量（重点突出了学生运动在国家生死存亡的时刻所起到的关键作用）。

学生就是国家的蛋白质。

辞旧迎新的时刻，有的大户人家，总是少不了大鸡大肉；有的贫苦人家，吃的总是青菜豆腐；有的人家到了过年的时候，就算是借或者当，也要凑出一点儿钱来买些不大新鲜的肉皮肉坯，尝尝肉味；有些更加贫困的，就算是裹着破棉袄，也可以在沿街讨饭的过程中得到一些肉渣菜底；最苦的莫过于那些吃草根树叶的灾民，冰天雪地之下，树叶凋零了，草根也掘不动了，只有吃敌兵的炮弹，也只有在中弹的那一瞬间，热血狂流，一死而休。真是，我们这些生活在最底层的人民，早就被上帝宣判了死刑，恨不得都冲到前线去，与让我们陷入这个人间地狱的帝国主义者进行肉搏。

肉搏是完全靠着自己的力量，靠着肉的力量而抗争啊！这也就是说我们是靠着肉里面含有丰富坚实的蛋白质啊。<u>然而那些经常吃肉的人，虽然大部分看起来是白白胖胖的，却并不是精神百倍，气力十足</u>（这句话形象地写出了经常吃肉的人所具备的外形特点）。这就是因为他们的生活太过于舒服，蛋白质没有完全运用，失去了最基本的均衡。

至于青菜豆腐和草根树叶，虽然在富人们眼中根本就不值一晒，但是也含有丰富的蛋白质。这些植物的蛋白质，进入人的身体里面，没有鸡肉猪肉那样容易被消化。然而劳苦大众们吃了这些东西，却能够尽量地将它消化运用，点点滴滴都会变成血汗和种种有力的细胞，只恐怕不够用，怎么会害怕吃得太饱呢?

蛋白质，不管是动物的还是植物的，只要是进入肚子里，经过胃的消化，就会分解成为各种氨基酸。"氨基酸"又是一个新鲜的名词，它是合"阿摩尼亚"的"阿"和"有机酸"的"酸"而成的。我们只需要知道它是一种比较简单的有机氮化物就可以了。

这些氨基酸就是蛋白质的代表，经过小肠和大肠的作用，逐渐被血液所吸收。所以过了大小肠之后，大部分的蛋白质都消失不见了，以至于里面所含的氮量，总没有吃进去的东西那么多。

胃，就像垃圾过滤器一样，我们吃进去的一切蛋白质，在胃酸的作用下进行筛选，如果筛选出的垃圾可以被血液吸收，就算更新成功，可以<u>再次被大众使用</u>（真实贴切地写出了蛋白质在胃的作用下回收利用的一系列程序）。

但蛋白质进了血液之后是如何进一步发展和转变的，就是我们现在要讨论的问题了—— 新陈代谢。

新陈代谢是营养的别名，指从食物进入胃到被血液吸收，最后排泄出体外为止，这中间的一大段过程中的各种变化。

新陈代谢不仅是针对蛋白质而言，营养的要素，还有碳水化合物、脂肪、维生素、水、无机盐等要素，任何一个都不能缺少，只要是缺少了身体就会出现毛病。然而，蛋白质却是所有当中最实在、最中坚的一个。

蛋白质为什么被叫作食物的中坚分子呢？因为它在营养中，在新陈代谢中，肩负着三个伟大的使命（承上启下的作用，将话题进行了成功转移）。

蛋白质化为氨基酸，会在肝里面聚集起来，然后向血液的大本营出发，再经过红血球分送到身体的各个细胞、组织和器官中。

在这些细胞、组织、器官里面，氨基酸经过一系列生理的综合变化，形成一种新的蛋白质。人身的细胞、组织、器官时时刻刻都在进行着变化，新旧交替，而蛋白质就是补充、复兴旧生命的新机构。

被血液所吸收的氨基酸，所包含的分子是非常复杂的，有的精明能干，是细胞争先抢用的；有的自强不息，是可以被细胞训练进行再改造的；有的则迟钝笨拙，或者过于腐化，是细胞所不愿收留的。

从这一点来看，植物的蛋白质很明显就不如动物的蛋白质那样容易被我们的身体所吸收了。这个理论如果被证实的话，又苦了我们这些没有肉吃的大众了。

据说，牛肉汁的蛋白质是最好的，牛奶次之，鱼又次之，蟹肉、豆、麦粉、米饭，这些是一个不如一个（概括总结了每种食物所含蛋白质的情况）。

那些不为细胞组织等吸收，没有被利用起来的氨基酸，它们又到哪里去了呢？我们吃多了的蛋白质，又有什么别的出路吗？

其实，细菌能够将氨基酸分解，并且充分利用氨基酸，将它们大部分转变成生命的活动力，就像是碳水化合物和脂肪一样，能够发热，也能够生力。这生命的新动力，就是蛋白质的第二使命。

食物蛋白质的第三使命，就是储存起来，以备不时之需。如果从这一点来看的话，蛋白质就是生命的准备库，是生存竞争的后备军（准确地写出了蛋白质对于生命延续的重要作用）。当然，这一定要等到生命的新机构完成，活动力充足以后，才有这一部分多余的分子。

我们平常每顿饭都是吃得饱饱的，尤其是经常吃一些滋补品的人，身上自然就留下了很多没有事情干的蛋白质，它们东奔西跑，散在人身的各个组织里面，就是没有一点儿生气。

　　但是，一旦到了人体挨饿的危难时刻，尤其是在饿了好几天，肚子里储存的蛋白质宣告破产的时候，血液没有收入，于是各个组织就会紧急动员起来，将这些无家可归的蛋白质吸收利用，于是这些失业的蛋白质，就会应召而往，瞬间活跃起来（用拟人手法生动形象地刻画出多余蛋白质的作用）。所以平常吃得好，储存丰富的蛋白质，一旦事发突然，就算是断粮好几天，也没有问题。

　　在新陈代谢中，蛋白质是生命的一种新的机构、新的动力和生命的准备库，可见学生在民族解放运动中，也同样具备这样三种重大的使命。

　　学生是国家的新蛋白质，敬祝学生运动成功！

阅读鉴赏

　　文章通过比喻、拟人、设问等一系列的修辞手法，准确真实地表述了蛋白质在人体中的重要作用，没有它的存在，人体就会出毛病。接着引出了学生是国家的蛋白质这样一个主题，层层深入，层层贴近，让人感受到无尽的生机蕴含在里面，最后一句为点睛之笔，突出了整个文章的主旨和作者的主要意图。学生，加油！中国，加油！

拓展阅读

新陈代谢

　　新陈代谢是自动进行的一种人体内活动，它包括心脏的跳动、保持体温和呼吸等。一般来说，新陈代谢的快慢受到年龄、身体表皮面积、性别和运动等方面的影响而有所不同。

灰尘的旅行

导　读

　　我们的周围充满了灰尘，这些灰尘有的来自战争，有的来自化工厂，有的来自人工制造。不过毫无疑问的是，在一般状态下所生成的灰尘里面，都含有大量的细菌。那么灰尘究竟是怎么来的？它们中的细菌又有什么危害呢？

　　灰尘是地球上一位永不疲倦的旅行者，它们随着空气的动荡而漂流，而细菌也随着它们上下波动（暗示了细菌是不断运动的）。

　　我们周围的空气，不论是室外还是室内，不论是城市还是郊外，不论是平地还是高山，到处都有灰尘的痕迹，灰尘中都会或多或少的含有细菌。不过也有"洁净"的灰尘，是在实验室中被制造出来的。

　　在晴朗的天空下，是看不到灰尘的，只有在阳光充足的中午，光线透过窗户的时候，我们才可以看见灰尘飘飘洒洒的样子。一些灰尘颗粒用肉眼可以看得到，可是在灰尘里面的细菌，我们却无能为力了，只能借助于高超的显微镜。

　　根据科学家的测试结果，在干燥的天气里，城中街道上，大概每立方厘米空气中含有 10 万粒以上的灰尘；在海洋上空的空气里，每立方厘米大约有 1000 多粒灰尘；在郊外的山林中，1 立方米仅仅含有几十粒灰尘；在一些住宅区的空气
中，灰尘的含量要多得
多。这么多的灰尘在空气
中随处游荡，对气象也会
产生不小的影响。原来，
灰尘还是制造云雾和雨点
的最佳工程师呢，它们可
以将空气中的水分凝结成云雾和雨点。如果没有灰尘，也就没有所谓的白
云和降雨了。如果没有灰尘，在炎热的夏天，强烈的日光就会直接照射在
大地上，气温持续升高。这是灰尘在自然界中所起到的作用。

在平静的空气中，灰尘以不同的速度降落下来。很长时间之后，我
们就会在屋顶上、门窗上、书架上、桌面上和地板上发现，上面铺满了
一层灰尘。这些灰尘，遇到空气动荡，就会随风旅行到遥远的地方。

1883 年，印度尼西亚一个叫作克拉卡托的火山爆发了。火山喷发的
时候，炸掉了大部分的岛屿，就连最细的火山灰尘都会上升到距离地面 8
万米的高空上——这比珠穆朗玛峰还要高出 10 倍，它们在空气中周游世
界，在高空中停留了有近一年的时间。这大概就是灰尘最高最远的一次
旅行了吧。

如果我们追问一下，这些灰尘是从什么地方来的呢？究竟是一种什
么样的物质呢（提出问题，引起下文，启发读者阅读兴趣）？我们可以得到下面一系列
的答案：这些灰尘，有的是来自山地岩石的碎屑；有的是来自郊外干燥的
土末；有的是来自海面浪花蒸发过后的食盐粉末；有的是来自火山喷发造
成的火山灰；还有一些是来自星际空间的宇宙尘埃。这些都是天然的灰尘。

还有人工的灰尘，主要是来自烟囱的烟尘，此外还有呢绒工厂、化
学工厂、纺织工厂、面粉工厂、水泥厂、冶金厂、陶瓷厂、锯木厂等，
这些都是灰尘的制造场所。

这些都属于无机灰尘，除此之外，还有有机灰尘。有机灰尘主要来

自生物。它们有的来自植物之家，如花粉、棉絮、柳絮、种子、孢芽等，还有各种细菌和病毒。有的来自动物之家，如皮屑、毛发、鸟羽、蝉翼、虫卵、蛹壳等，还有人畜的粪便。

有许多种灰尘对于人类来说，具有一定的危害性。自从有机物加盟到灰尘中，这种危害性就更加严重了。

那么，灰尘的旅行对于人类来说，究竟会产生什么样的危害性呢？

它们不但弄脏我们的空气，还让我们的房屋、墙壁、家具、衣服以及皮肤变得脏兮兮的。它们落到车床内部，就会磨损机器的部件；它们停留在汽缸里，就会阻碍内燃机的活塞运动；它们还损害了我们的工业成品，让它们成为一堆没有用的废品。这些都还是小事。灰尘里面还混杂着不同的病菌和病毒，严重危害着我们的身体健康。

灰尘是呼吸道的破坏者，它们让我们的鼻孔堵塞、气管发炎、肺部受伤，从而引起伤风、流行性感冒、肺炎等具有传染性的疾病（表明灰尘对呼吸道的危害极大，易诱发多种疾病）。如果结核菌混入到了灰尘中，那么情况就更加危险了，所以我们必须禁止随地吐痰的现象发生。此外，金属的灰尘特别是铅，还会造成中毒；石灰和水泥的灰尘混合在一起，对我们的肺产生威胁，还会腐蚀我们的皮肤。因此，为了抵御这些灰尘对我们的进攻，我们不得不戴上面具或者口罩。最后，灰尘还有可能引起爆炸，这可是严重的事故，必须严加防范。

因此，灰尘必须受到一定的制约监督，不能让它们在空气中到处乱窜。

我们要把马路铺上柏油，要让喷水汽车走遍每一条街道。要广种绿色植被，把城市和工业区变成一个大花园，要让每一个工厂都安装上通风设备和吸尘设备，保护每一个工人。

近年来，科学家发现可以利用高压电流来捕捉灰尘。人类正在积极努力地控制灰尘给我们带来的各种危害。

灰尘的旅行，最终将会结束它们祸害人类的命运，而成为为人类服务的朋友。

阅读鉴赏

　　灰尘对于每个人来说，都不陌生。在我们生活的周围，每个角落里面都有灰尘的存在。在阳光充足的时候，你甚至能够看到灰尘在空气中翩翩起舞。可这并不是一件令人高兴的事情，因为灰尘里面含有大量的细菌，会给人们的身体带来危害。而灰尘自身对呼吸道的破坏性最大，有些灰尘会侵蚀皮肤，引起中毒，所以要加强对灰尘的监督。

　　文章站在一个特别的角度，对灰尘"飞舞"一事做出了深刻却不失趣味的描述，语言细腻，略带调侃，让人在不知不觉中了解了灰尘，以便更好地利用灰尘的旅行来为人类服务。

拓展阅读

灰尘对自然的好处

　　假如在大气中没有灰尘的存在，从太阳直射到地球上的光线就不能被吸收或发生反射、散射和折射的作用，天空就会出现一种前所未见的蓝色，甚至没有风雪雨露的变化，也就没有霞光彩虹。由于灰尘是吸湿性微粒，没有了它，就没有办法凝结空气中的水汽，也就没有办法形成云。地表失去了云层的覆盖，就会干旱贫瘠。天气也会出现极端情况，要不就是太冷，要不就是太热。

温度和温度计

导　读

　　温度计以测量空气温度、人体体温、动物体温等，就连细菌的生长环境都要依靠温度计来确定。为什么温度计中的液体具有热胀冷缩的性质？温度这个抽象的家伙，又有着怎样有趣的一面呢？

　　在这个世界上，任何东西，不管是固体、液体还是气体，遇到热就会发生膨胀，遇到冷就会收缩，这就是大家知道的热胀冷缩原理。温度计就是利用这个原理制造出来的。

　　温度计又叫寒暑表，是用来测量热和冷的武器。

　　温度是什么呢？它不是一种能，而是热和冷的计算；它不是计算一种东西所含的热量，而是计算热和冷的程度（引发读者的深思，引起读者的注意）。假如一块砖和半块砖具有相同的温度，但一块砖所具有的热量却是半块砖热量的一倍多。

　　冰的温度虽然很低，但是它也有一定的热量，只是这种热量非常微弱，常常被忽略不计。

　　人们对于热和冷的感觉并不是固定不变的，假如你把手先放在热水中，紧接着泡到温水里，就会感觉温水的温度很低，和冷水一样。但是如果你先把手泡在冰水里，再放进温水中，就会感觉温水的温度相当高，甚至还有些烫手（体现出人对冷热感觉的相对性，更容易让人理解）。

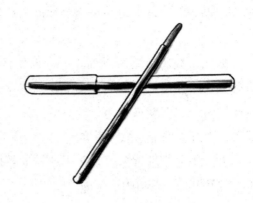

我们常见的普通温度计是用水银或酒精制造的。制造的时候，先用一根一头吹成小泡泡的玻璃管，将水银或酒精装到这个小泡泡中，对其加热，使水银或酒精上升，当玻璃管中的空气因受热上升从玻璃管中跑出去时，封闭管口，等到温度冷却下来，水银或酒精就会下降，形成一个真空的玻璃管。最后，在两侧进行度数的划分，一个温度计就制造成功了。

一般说来，水银容易凝结，不适合测验冰点以下的温度，所以被检测物体的温度在冰点以下的时候，就应该选择酒精温度计。

相反，酒精的沸点比较低，不适合测验高于酒精沸点的温度，所以当被检测物体的温度高于酒精的沸点，就应该选择水银温度计。

那么，度数是怎么来划分的呢？最常用的方法就是华氏和摄氏两种。

把温度计的下半截泡在冰水中，水银柱下降到最低的时候，就在与之等高的平面上画一条线，这就是冰点。对华氏来说是零上 32°F，而对于摄氏来说则是 0℃。然后，将温度计的下半截浸在沸水中，当水银柱上升到最高的时候，画一道线，这就是沸点。在华氏是 212°F，在摄氏是 100℃。然后再在冰点和沸点之间划分度数。华氏把这个距离分作 180°F，摄氏把这个距离分作 100℃（列举数字，将冰点、沸点的分界度数清楚地写了出来）。

由于玻璃管特别容易碎，尤其是检测高温的时候，非常容易发生爆炸，所以在工业中所应用的温度计大都用金属来取代。

南极探险家在南极遇到的温度，绝对是你想象不到的低，但是，还存在比这更冷的温度。最冷的温度是绝对零度，也就是华氏零下 460° F，摄氏零下 273 ℃（通过列举数字，让人对南极的低温有了更直观的认识）。直到现在，科学家都没有办法创造出一个绝对零度的环境，每次都是比绝对零度要高一点。

那么，物质在绝对零度之下会发生什么变化呢？没有人可以回答。有的人说：在绝对零度的环境下，根本没有生命物质的存在，就算是最坚固的钢，也会变成粉末，所有的电流，在电线上可以畅通无阻，毫无阻碍。也有人说：在绝对零度之下，是真正的空间，不存在任何物质。

关于绝对零度的研究，对工业发展来说具有极大的意义，可以为未来科学开辟出一条更为广阔的道路。

阅读鉴赏

文章通过对比、列数字等说明方法，把抽象的"温度"用生动有趣的语言描述出来，当然，温度计的功用也呼之欲出。文章结构严谨，语言生动有趣，能引起读者的阅读兴趣，引发读者深思。

拓展阅读

南 极 洲

南极洲是人类在地球上最后发现的一个大陆，被称为第七大陆，是地球上唯一一个没有土著居住的大陆。总面积为 1366 万平方千米，其中大陆的总面积为 1190 万平方千米，是世界第五大洲。南极洲是天然形成的巨大"冷库"，储存着地球 80% 左右的淡水资源。南极洲的气候异常干冷，经常伴有大风。

导　读

　　土壤可以提供植物需要的养分，也可以滋生细菌，亦能够孕育人们所需要的生态环境，简直是无所不能。那么土壤是如何形成的呢？为什么有些土壤很肥沃，有些却很贫瘠？

　　土壤有一个非常好听的名字，叫作绿色植物的工厂。在人们的心目中，土壤就是肮脏的泥土，是一种死气沉沉的东西，静悄悄地伏在我们的脚下，其中含有太多的腐败物质。

　　这种轻视土壤的思想，是和轻视劳动的态度联系在一块的，这是对于土壤最大的一种诬蔑。

　　在劳动人民的眼里，土壤是庄稼的好朋友，想要让庄稼长得好，多打粮食，就必须有肥沃的土壤。

　　要知道，土壤和阳光、空气、水一样，都是孕育生命的场所，"万物土中生"是中国的一句老话。苏联作家伊林也曾经把土壤叫作"奇异的仓库"。

　　不错，土壤的确是生产的能手，对人类的帮助也是非常大的。我们的衣、食、住、行和其他生活资料都需要它的帮助才能供应（表明土壤对人们的日常生活有很大的帮助）。没有它，就没有粮食、棉花、蔬菜、水果、饲料、木材和工业原料。

老实说，没有土壤我们根本没有办法生存下去。

因此，我们要更好地认识和了解我们脚下的这片土地。

土壤是制造绿色植物的工厂，是植物生长不可缺少的一个伙伴。

纯粹的泥土，没有水分也没有养料，这时它就不能被称为土壤，因为土壤和它所富含的肥力是分不开的。

肥力是土壤的一种能力，就是水分和养料。这些水分和养料，被植物的根系吸取，之后在阳光的作用下进行光合作用，从空气中吸收二氧化碳，变成植物生长所需的有机质。

能生长植物的泥土，就叫作土壤。这是苏联土壤学家威廉士给土壤下的科学定义。他说："当我们谈到土壤的时候，应该理解为地球上松软的表面地层，是能够生长植物的表层。"

肥沃性是土壤的特点，但是这一特性却随着环境的变化而变化。有的土壤很肥沃，有的土壤却很贫瘠。

<u>肥沃的土壤是粮食丰收的保证，贫瘠的土壤会给我们带来不幸的歉年</u>（起到了承上启下的过渡作用）。

土壤一旦失去肥力，就没有办法继续生长植物，就会变成毫无价值的泥土。

土壤是大实验室、大工厂和大战场。在这里，经常发生着物理、化学和生物方面的变化；在这里，昼夜不息地进行着破坏和建设；在这里，上演着生死的搏斗和混战，情况紧张而又激烈。

在参加作战的行列中，有矿物部队，也有各种植物部队，有动物部队，也有微生物部队。此外，水和空气也是其中的两个作战单位。所以有人说："土壤是死自然和活自然的统一体。"这句话说得还真有几分道理。

自从人类踏进这个战场之后，就成了决定土壤命运的主人。

人类对土壤进行有计划的战斗，例如耕作、灌溉、施肥和合理轮作等。于是，土壤成了人们农业生产的服务部门，开始听从人的指挥，遵从人的意愿。这样，土壤就变成了人类的劳动产物，成为造福人类的朋友。

土壤是怎样形成的呢？

大约在几万万年以前，地球还非常年轻的时候，地面上全部都是高耸的山冈和岩石，没有所谓的平地，也没有所谓的泥土。到处都是一片寂寞荒凉的景象，丝毫没有生命气息。

白天，烈日当空，石头被晒得又热又烫；晚上，寒气袭击，石头的气温骤然变冷。夏天和冬天就相差得更远了，于是几千万年过去了，在这冷热的交替中，石头上面终于有了裂缝。

有的时候，阴云密布，大雨滂沱，在雨水的冲刷下，一些石头被溶解了。

到了寒冷的季节，水凝结成冰，体积变大后的水，就会将石头慢慢胀大。

狂风吹起来，就像是失去了理智一样，飞沙走石，就连大石头都摇动了。

还有冰川的作用，也给石头造成了很大的压力，进一步促使它们破碎。

<u>就这样，在风吹、雨打、太阳晒和冰川的作用下，石头慢慢地滚落下来，由大变小，渐渐变成了细小的泥土</u>（总结上文，概括了石头变成泥土的过程）。

这些沙子和泥土，在大水的冲刷下，慢慢沉积在山谷，日子久了，山谷就变成了平地。从此，就出现了漫山遍野的泥土。这是风化的过程。

但是泥土还不是土壤，泥土只是土壤形成最初的原料。要泥土变成土壤，还需要生物界的帮忙。

首先，是微生物的帮忙。

微生物是第一批为土壤劳动的群体。在生命开始的那一天，它们就积极参与到了建设土壤的工作中。微生物非常小，主要包括原虫、藻类、真菌、放线菌和鼎鼎大名的细菌等。

这些微生物有非常可怕的繁殖力，只需要一点点水分和养料，它们就会以让你惊讶的速度繁殖起来。它们对于养料的要求并不高，有的时候一点儿硫黄或铁粉就可以了；有时候还能够吸取空气中的氮养活自己，于是泥土里就有了氮的含量。同时，泥土也开始变得疏松起来。这是泥土变成土壤的第一步。

但是，微生物的身子很小，能力非常有限，并不能从根本上改变泥土的整个面貌，只是为比它们大一点儿的生物铺垫道路而已。这样，经过若干年以后，像地衣一样稍微高级一点儿的生物出现了，它们死后，泥土里的有机质和腐殖质就会更多。于是，泥土也开始慢慢肥沃起来。

随着生物的进化，苔藓类和羊齿类的植物也相继出现了。

每一次更高一级生物的出现，都能给泥土带来更加丰富的有机质和腐殖质。

这样，慢慢地，一步一步地，泥土就变成了土壤。

如果没有生物界的帮助，泥土想要变成土壤，是根本不可能实现的（暗示在泥土变为土壤的过程中，生物界起到了很大的作用）。

不过，在不同的地方，不同的泥土、不同的气候、不同的地形和不同的生物，都会对土壤的性质产生决定性的影响。

对于植物来说，随着自然的发展，土壤会变得更加肥沃或者更加贫瘠。

农民带着锄头、犁耙与土壤打交道，他们种植什么，就会出产什么。于是，在人的干预下，土壤不断地向前发展。

在社会主义国家里，土壤的情绪是非常饱满而且异常乐观的，它们都在用饱满的热情来为农业生产服务。

那么，是什么决定了土壤的性质呢？

土壤的种类很多，而且各自拥有不同的名字，像黑钙土、栗钙土、红壤、黄壤之类的名字，当然，它们也有着不同的性质，它们有的肥沃，有的却十分贫瘠。

决定土壤性质的五种因素，是母质、气候、地形、生物和土壤年龄。

先谈谈母质。

母质又叫作生土，是土壤的父母，岩石的儿女。所有的土壤都是从母质那里变过来的，而母质又是从岩石变来的。

地球上的岩石有许多种类，有石英岩、石灰岩、花岗岩和云母岩等。这些不同的岩石，是由不同的矿物组成的。不同的矿物具有不同的性质，所以它们的化学性质也是互不相同的，有的比较容易分解和溶解，有的却比较难。

母质既然是岩石的儿女，化学成分一定也受到岩石的影响，从而影响土壤性质的好坏。例如：母质所含的碳酸盐越多，土壤就越肥沃，如果母质中的碳酸盐很少，那么土壤就变得贫瘠。

母质——土壤的父母，它们的密度、多孔性和导热性也在不停地影响着土壤的性质。如果母质疏松多孔容易导热，那么土壤中就含有充分的空气和水分，就保证了土壤的肥沃。

其次谈气候。

不同的地区，有着不同的气候，包括风、湿度、水分的蒸发、温度和雨量，都会影响土壤的性质（表明土壤的性质受多种因素的影响）。其中以温度和雨量最为明显。温度越高，土壤里物理、化学和生物之间作用的速度就会越快，相反，就会进行得越慢。雨量越多，土壤的淋洗作用就越强，更多的无机盐和腐殖质就会被带走。如果这个地区雨量偏少，土壤就会变得干燥，淋洗作用也就相对比较弱了。

第三谈地形。

地形的不同，也对土壤有着不同的影响。往往同一个地区，仅仅隔着一座山，气候、气温却都不相同。一般说来，地势越高，气候就越寒冷；地势越低，气候就越热；背阴的地方冷，向阳的地方热。如果是斜坡，土壤就非常容易下滑，土层就不会太厚，但如果是洼地的话，土粒就非

常容易聚集起来，土层就会堆得特别厚。地势越高，地下水越深；地势越低，地下水离地面就越近。

所以，不同的地形造就了不同性质的土壤，因此有些地方植物生长得很好，有些地方植物生长得不好。

第四谈生物。

生物界对于土壤的影响很大，它们的行列中有植物、动物和微生物。

植物是土壤养料的蓄积者，它们的尸体遗留在土壤中，可以增加土壤有机质和腐殖质的成分，以便满足微生物活动的需要。植物的根还会分泌出一种带有酸性的化合物，能够溶解土壤中难以分解的矿物质。

由于植物的覆盖，土壤的性质也在发生着变化。例如：森林能缓和风力，可以积聚大量的雨水和雪水，所以森林空气湿润，土壤水分的蒸发不是很强烈。

动物中，如蚯蚓、蚂蚁和各种昆虫的幼虫，也都是建设土壤的功臣（表明在建设土壤的过程中，昆虫幼虫贡献了很大的力量）。它们在土壤中自由自在地穿梭，凡是它们经过的地方，一般都留下了松软的土地。

微生物对于土壤的性质影响更大。微生物的代表有原虫、藻类、真菌、放线菌和细菌，它们一方面对复杂的有机物进行破坏，一方面在努力地建设简单的无机盐，进一步促进了土壤的变化，使植物得到更多的养料。而在它们当中，细菌是最为活跃的。它们不但可以在空气中吸收一定的氮素，还可以和豆科植物进行合作，固定更多的氮元素，促进土壤的肥沃，就算是死后，身体也要留在土壤中，变成植物的养料。

最后谈土壤年龄。

土壤的年龄有大有小。从土壤产生到现在，一直都在不断地变化和发展。它会由一种土壤变成另外一种截然不同的土壤，因此土壤的年龄和土壤的性质是有一定的联系的。土壤越老，结构就越复杂。

上面提到的五种因素都对土壤性质的形成产生了重大的影响。但是，它们都受到人类的控制。而人类向大自然进军的目的，也就是要充分利用土壤，通过人的劳动让土壤更好地为农业生产服务。

阅读鉴赏

　　文章通过运用排比、引用和举例子等写作手法，赞美了肥沃的土壤，让读者认识到土壤对人类的重要性，对土壤越发感兴趣。文章语言生动，将枯燥乏味的"土壤"刻画得趣味横生，语言精准，思维严谨。

拓展阅读

土壤的种类和特点

　　土壤可以分为沙质土、黏质土、壤土三类。沙质土的性质：含沙量多，颗粒粗糙，渗水速度快，保水性能差，通气性能好。黏质土的性质：含沙量少，保水性能好，通气性能差。壤土的性质：通气透水、保水保温性能都较好，是理想的农业土壤。

血的冷暖

导　读

血膏可是细菌最为喜欢的食物，那是因为我们的血液总是暖暖的，是适合细菌生长的温度。那么，人类又会想，血液的温度和动物血液的温度是一样的吗？

在动物的世界中，我们可以惊奇地发现动物竟然有冷血和暖血之分，那么，这种区别究竟体现在哪里呢（引起了读者区分冷血动物和暖血动物的兴趣）？

为了回答这个问题，我们就必须首先搞清楚动物身上的热气是从哪里散发出来的。

很多人都认为，物体间的相互摩擦产生了热量，所以，动物身上的热气，自然而然就是血液和血管之间的摩擦产生的。

在18世纪末之前，这种思想一直盘踞在人们的脑海中。

直到科学家发现氧气的存在之后，法国化学家拉瓦锡才指出动物的热气应该是一种燃烧或氧化作用。拉瓦锡以为，血液在肺部发生了氧化作用，它将血液中所含的碳水化合物和氧气氧化，产生水和二氧化碳，同时释放出大量的热。

后来，生理学者又通过试验纠正了拉瓦锡的说法，实验证明身体热量的产生应当归功于血液，而不是肺。

经过多年的争论，科学界才承认了体热是在全身细胞的作用下产生的说法。氧通过血液被输送到各细胞，在氧化作用下产生热。血液在其中只不过担任了搬运工的作用，也正是由于血液在身体内的循环流动，才可以将产生的过多热量输送到过冷的部位去，达到冷热均衡的统一（写出了血液运作的方式和状态，也体现了血液的贡献之大）。

除了生病发烧之外，动物身体的温度是相对稳定的。这是为什么呢？因为在动物的体内存在一种管束体温的机能。

上面的这些结论，都是在暖血动物身上得到验证的，那么，冷血动物是不是也是这样呢？它们为什么叫作冷血动物，难道是因为它们的身体冷冰冰的，没有一丝热气吗？

一般说来，冷血动物和暖血动物的划分依据，是它们的体温相对于外界空气温度的高低。人和鸟兽称为暖血动物，是因为它们的血液就比空气热。爬虫、青蛙和鱼之类被称为冷血动物，是因为它们的血液温度低于空气。事情的真相真是这样吗（设置悬念，引起了读者的兴趣）？

暖血动物的体温很稳定，不会随着外界天气的变化而变化，哪怕是外界大雪纷飞，也保持一个恒定的温度。单从这点来说，暖血动物倒不如叫作恒温动物。

冷血动物就不一样了，它的体温会随着外界的变化而升降。冬天，它们的体温很低，低到和四周空气的温度相近；夏天，外界温度升高，它们的体温就会随之上升。它们只有在寒冷的环境中才是冷血的，所以叫作无恒体温动物似乎更贴切一些。

暖血动物之所以可以维持恒定的体温，是因为它们具有很强盛的氧化作用，而且具有管束体温的机能。

冷血动物缺少管束体温的机能，氧化力量薄弱，所以很难维持自己的体温（运用对比的手法，可以更加清楚地看出两者之间的区别）。

还有一种动物的体温介于暖血与冷血之间，具有管束体温的机能，它们就是冬眠动物。在平常，它们能够维持体温不变，但是遇到极冷的环境时，就会进入冬眠期，体温几乎和周围的空气一样冰冷。

勤劳的蜜蜂属于群居动物，被称为昆虫中的暖血者，是因为蜜蜂每天都勤勤恳恳地劳动，很容易就产生热气，调节和维持蜂巢内的温度。

凶狠恶毒的蛇，是爬虫类的后代，它们的体温有时候只比周围高出2℃~8℃。一些爬虫的管束体温机能并不是很发达，所以它们为了防止体温过高，就会不停地喘气，将肺里的水分蒸发掉，热量也就随之消失了。

总的说来，动物的暖血和冷血之分，只是因为它们对于环境和气候有着不一样的生理反应而已。

阅读鉴赏

文章采用对比、拟人和设置悬念等艺术手法，准确形象地解释了动物之间血液冷暖机制的不同的原因，使读者增加了对动物的了解，认识到环境和气候的不同对造成了动物的暖血和冷血的影响，很有新意，让人欲罢不能。

拓展阅读

血　液

血液是穿梭在心脏和血管内的一种红色液体，主要成分为血浆和血细胞，具有输送营养、调节器官活动和防御有害物质的作用。

星际旅行家
离开地球以前

导　读

飞向太空，是人类的梦想，载人火箭帮助人类实现了登陆月球、在太空建立航天站的梦想。人类在地球上被无处不在的细菌所困扰着，那么在新发现的太空里面会有细菌存在吗？

经过两年的漫长时间，人类已经成功地向太空发射了三颗人造地球卫星和三艘宇宙火箭。它们作为人类探索和旅游星际的先锋，已经携带各种科学测量仪器进入太空，并且通过无线电将探测到的各种情报传送到地面接收站。

相信用不了多长时间，人类就会发射载人火箭，飞向星际，到时候，人类去月球和其他星球的愿望就会从幻想走向现实了。

发射装载探测仪器的火箭已经需要极高的技术，那么发射载人火箭，就更是难上加难了。小朋友们都想知道，这个载人火箭，在发射之前，到底需要解决哪些方面的问题呢？

首先，从生理学的角度入手，星际旅行家们首先要面对的问题就是超重的问题。

一个人从诞生之初，体重就在不断变化，这种变化是非常缓慢的，慢到我们根本觉察不到。如果你坐着火箭上升，情况就不同了。火箭刚起飞，就会感觉自己的手脚变得异常沉重，这种变化非常明显，你会认为自己的体重在瞬间增加了十几倍，这就是超重现象。这是因为，在火箭启动的过程中，速度和地心引力增长得异常猛烈。假设你本来只有100斤重，现在就会变成一个1400多斤的超级大胖子了！

在这种突如其来的变化之下，大脑皮层受到破坏，没有办法进行正常的活动，就会陷入昏迷状态。慢慢地，你就会丧失感知，呼吸短促，心脏停止跳动，这样，你就要和这个世界说"bye-bye"（再见）了。

所以星际旅行家们在出发之前，都必须接受严格的飞行训练，让他们的身体更好地适应超重的状态。而且在火箭上他们也必须安装专门的防护设备，以便抵消地心引力的影响。

随着火箭的不断上升，地心引力就会逐渐减小，这个时候，你就会感觉到身体越来越轻（描述了在地心引力减小时人的状态）。如果船舱内并没有什么特别的装置，那么你的身体只要轻轻一动，就会像皮球一样蹦起来，在

船舱内飘来飘去，这就是失重的现象。这种现象对于人体来说，虽然并没有太大的伤害，所做出的动作也不会因此而不协调，但是多多少少会给星际旅行家带来不便之处。所以，在火箭上一定要安装防失重设备。

人类生活在地球表面，也就是大气层最底层，四周都是空气。在地球引力的作用下，空气具备了一定的重量和压力。在一般情况下，气压是相对稳定的，在 720 ~ 770 毫米汞柱之间，处在人体所能承受的范围之内。

火箭船在助推器的作用下不断上升，气压变得越来越低。当气压值下降到 240 毫米汞柱以下时，人体就会感觉不舒服。气压值继续下降，下降到零汞柱时，体内所有的水分就会蒸发，如果没有足够的防护设备，生命就濒临死亡。

科学家已经发现：如果将整个船舱用特种金属材料武装起来，就可以最大限度地保持舱内气压的稳定。

宇宙的空间，分散着各种各样的辐射线。火箭上升得越高，这些辐射线的作用就会越强大。它们具有极强的穿透力，可以破坏身体内的细胞，威胁星际旅行者的生命安全。

当然，除了这些可以对人体直接造成伤害的原因之外，想要去星际航行，还必须解决呼吸和饮食这两个问题。

人的生命就是一个不断呼吸的过程，没有呼吸就无法生存，所以在密闭的船舱里，必须有足够的氧气供应。科学家发现，利用压缩氧能保证人体源源不断地得到氧气供应。

人体在呼吸的过程中会排放出大量的二氧化碳和水蒸气，如果找不到适当的出路，就会使船舱内的氧气越来越少，当二氧化碳在空气中的比例超过 20% 的时候，人就会呼吸困难，生命遭到威胁。这可怎么办才好呢？为了避免出现这样的状况，化学家发明出了一种能够大量吸附二氧化碳和水蒸气的石棉化合物，而生物学家则正在积极研究另外一种更好的办法，那就是利用植物的光合作用，吸收二氧化碳同时释放出氧气，这种植物就是单细胞藻类。

单细胞藻类含有丰富的蛋白质和维生素，营养价值非常高，在危急关头甚至可以当作救生的食物，真是一举多得呀（表明单细胞藻类的强大用处）。

正因为有了科学家们的不断努力，逐个解决了星际旅行家可能遇到的所有问题，才使得人类飞出地球的日子，显得不是那么遥不可及了。

阅读鉴赏

随着科学技术的发展，人类飞向太空的梦想得以实现。但是，当星际航行家们离开地球之前，他们需要做哪些方面的训练与准备呢？人们讨厌细菌的存在，认为它们是一切疾病的源头。可是为了生存，科学家们还是得将单细胞藻类移植到太空，辅助人们的呼吸。最终，人类不管迁移到哪个星球上面，都无法摆脱细菌的存在。

文章采用了比喻、设问等艺术手法，一步步将我们带入星际旅行家们的日常生活中，体会他们为了登上太空所做的一切准备。虽然辛苦但是有无穷的乐趣，给读者留下了深刻的印象。

拓展阅读

登 月

登上月球，自古以来就是人类的梦想。20 世纪后半叶，这个伟大的梦想终于实现了！ 1969 年 7 月 21 日，美国"阿波罗 11 号"宇宙飞船搭载着三名宇航员成功登上月球，其中，宇航员尼尔·阿姆斯特朗成为第一个登上月球的人。在这个划时代的历史时刻，阿姆斯特朗激动地说："这只是我一个人的一小步，但却是整个人类的一大步。"

谈寿命

导　读

从地球上最早出现生命，从单细胞动物到多细胞动物，从昆虫到哺乳动物，再到人类，它们的寿命究竟有着什么样的变化呢？有哪些动物像细菌一样，寿命可以达到百年甚至是几亿年呢？人类的寿命能达到多少岁呢？

地球上的生命活动，最早出现在 5 亿年前。最初的生命出现在海洋中，是一种蛋白质分子。

此后，出现了以细菌、藻类和变形虫为代表的单细胞动物，它们以迅雷不及掩耳的速度在生命的舞台占据了重要的地位。

这些原始生物繁衍后代的方式非常特别，它们通过分裂细胞来延续生命。最初的母细胞会分裂成两个子细胞，这个时候，母体的生命就终结了，所以单细胞生物的寿命都非常短暂，长则数天，短的就只有十几分钟。

当单细胞动物成功进化为多细胞动物的时候，寿命也相对延长了。

比如众所周知的蚯蚓，有长达 10 年的寿命。在广袤的印度洋中生存着一种大贝壳，重 300 公斤，在软体动物的世界中，属于绝对的王者。而无脊椎动物，创造了最高的寿命记录，能够活到 100 岁（说明了在低等动物中存在着寿命很长的动物）。

一般说来，昆虫是一种非常短命的生物，那种成群在河湖水面飞翔的蜉蝣，就是生物界中的短命之王，它们的成虫能活几小时，幼虫在水中能够存活数年。蜻蜓的寿命只有一两个月，它们的幼虫可以生存一年左右；蝉的寿命只有短短几个星期，但是蝉蛹却可以在泥土中存活 17 年之久（突出显示昆虫的幼虫能够存活很长时间）。

相比之下，鱼类的寿命就算是长的了。据说在福州鼓山涌泉寺放生池里的鲤鱼已经活了一百多年，杭州西湖玉泉培养的金鱼也已经活了三十几年。

在所有的动物中，乌龟的寿命可算得上是名列前茅了。在英国伦敦动物园里保存着一只巨大的乌龟，如果它现在还活着的话，大概已经是 300 岁的高龄了。可以与之媲美的，听说是生长在非洲的大鳄鱼。

据说苍鹰、天鹅、大象和一些少数动物也可以活到 100 岁以上，而猛禽野兽和家禽家畜，却只有 10 年到五六十年的寿命。

通常情况下，这些动物并不能寿终正寝，尽其天年，大都因为人类的需要而被宰杀，或者是残酷的生活让它们因缺少食物而死亡，当然，也有因为气候突变或传染病而致死（举例说明了动物寿命短暂的原因）。

至于人类的平均寿命，在黑暗的中世纪，只有 20 ～ 30 岁，甚至还比不上一些相对高等的动物。文艺复兴之后，随着科学技术的发展，人类的寿命不断得到提升。现在一些国家的平均寿命已经达到 70 多岁的标准，百岁以上的老人也屡见不鲜了。

在现代社会，科技、环境、医疗、人文关怀等都得到了长足的发展，婴儿的死亡率已经大大下降，加之政府所倡导的体育运动，增强了人民的体质。

这一切，都促使人类的平均寿命上了一个新的台阶。

近些年来，科学家针对人类衰老的研究课题，已经有了令人欣喜的成就，很多新的方法都给延长人类寿命带来了曙光。能活150岁以上，已经不是人类寿命所能承受的最大极限了，相信这句话并不是一种过分乐观的估计吧！

阅读鉴赏

经过几亿年的进化，动物的寿命大大延长了，特别是人类。在古代，人类的寿命非常短暂。虽然我们人类的寿命无法和细菌相比，但是近代人类受益于良好的医疗条件、生活条件，寿命才越来越长。人类的寿命极限是多少呢？我们怎么做才能健康长寿呢？别着急，文章娓娓道来，为我们解开其中的秘密。

文章采用了比喻、对比和举例子等艺术手法，语言通顺，思维严谨，环环紧扣，让我们在不知不觉中跟随作者一步步了解动物和人类寿命的秘密，让我们对寿命有了更深层次的理解。

拓展阅读
影响寿命的几个因素

每个人都希望自己的寿命可以长一些，虽然是一种美好的愿望，却不是不可能实现的，那么，是哪些因素在影响着寿命呢？

1. 房间视野开阔：研究表明，开阔的视野能够帮助人们舒缓情绪，保持愉快健康的心情，有利于延长寿命。

2. 生活无规律：当我们生活在一片混乱的环境中时，很多人都会变得压抑沮丧，导致心率和血压升高，危害人体的健康，可以减寿1年。

3. 养宠物：一项最近的研究表明，饲养宠物能够减少抑郁的发病率，降低心率和血压水平，有利于延长寿命。

庄稼的朋友和敌人

导 读

庄稼就是人类的粮食，但是庄稼的生长并非一帆风顺。在成长的过程中，庄稼需要哪些朋友才能长得又快又好呢？又有哪些敌人阻碍了庄稼的生长呢？

庄稼有很多好朋友，也有很多敌人。庄稼的朋友，一般来自化学王国，有的来自元素的大家庭，也有的是化合物的家庭成员，共同承担着建设植物和保卫植物的任务。在庄稼这众多的朋友当中，氮、磷、钾三兄弟堪称庄稼的知己。这三兄弟是庄稼最得力的帮手，少了它们，庄稼就没法继续生长，好比植物生长离不开水和二氧化碳一样（类比手法的运用突显了氮、磷、钾对庄稼的重要性）。

没有氮，就没有蛋白质；没有蛋白质，就没有生命。如果土壤中缺少足够的氮，植物的茎秆就会细小脆弱，果实就会减少。

没有磷，细胞核就会停止正常的工作，细胞也就没有办法进行分裂。

没有钾，植物就无法进行光合作用，对病虫害的抵抗能力就会降低。

所以对于植物生长来说，氮、磷、钾具有举足轻重的地位，是必不可少的三种元素。

除了这三种元素，钙、硫、镁、铁、硅也可以为植物的生长提供必要的营养。这五位朋友虽然在植物的生长中占的份额不大，但是它们却是庄稼生长必不可少的。

缺少钙，植物的根和叶子就会发育不正常；缺少硫，植物就无法完成蛋白质的构造；缺少镁和铁，叶绿素就要破产；缺少硅，庄稼就会枯萎，营养不良。

<u>除了这些，参加植物生命活动的化学元素，还有硼、铜、锌和锰，由于它们在植物中的含量很少，经常被忽略，但是，它们也是庄稼生长所必需的</u>（在呼应上文的同时也起到了引起下文的作用）。

有了硼，庄稼就有了抵抗细菌侵袭的力量，尤其是大麻、亚麻、甜菜、棉花等作物非常需要它。

有了铜，也可以增加植物的抵抗力。铜元素还可以促进细胞的氧化过程，从而增加大麦、小麦、燕麦、甜菜和大麻的产量。

有了锌，植物的叶子就可以避免出现大理石状的斑纹。

有了锰，就会增加土壤的肥沃程度。很多农作物，比如小麦、稻子、燕麦等都需要它。

而庄稼的敌人，会威胁到植物的生命，造成农业减产。杂草是植物界的殖民主义者，是植物的第一批敌人。它们肆无忌惮地侵占庄稼的生长空间，掠走大量的养料和水分，而且给农作物的收割带来不必要的影响和麻烦。在庄稼并不长的生命历程中，大概要与60多种杂草进行斗争。

这个时候，生长刺激剂从化合物的队伍里勇敢地挺身而出，帮助庄稼与杂草作战。生长刺激剂是一种化学药剂，能够抑制杂草的生长，只需要二三斤，就能在不损伤农作物的前提下毒死深达地下三分之一米的杂草根部。生长刺激剂也叫作植物生长调节剂，是一种有机酸，既可以防止苹果树上的苹果过早脱落，又可以帮助番茄、茄子、黄瓜、梨和西瓜等植物结出无籽的果实。

　　庄稼的第二批敌人，是啮齿类动物，像黄鼠、田鼠和家鼠都是它们的敌人。根据保守估计，一只家鼠和它的后代在一年内就能吃掉100公斤以上的粮食。这个时候，化合物磷化锌就派上了大用场，把它与点心混合在一起，就可以成为老鼠的丧命食物。

　　第三批敌人，就是害虫和病菌，也包括病毒在内。像亚洲蝗虫、甜菜的象鼻虫、黑穗病的病菌以及烟草花叶病的病毒等都是植物生长不可不防的敌人。

　　在农业中，有将近6000种害虫，每年都会给粮食作物和经济作物造成严重的打击，亏得化学阵营人才济济，才帮助农作物再一次战胜病虫害（表明害虫对农作物的破坏程度大，也反映出化学药剂的强大）。例如有一种含砷的化学药剂，叫作亚砷酸钙，就可以帮助农作物和果树防治害虫。当然，具有杀虫灭菌的化学药剂还有很多，许多种含铜、含硫、含汞等化学药剂都具有相同的功效。

　　此外，自从以虫治虫、以菌治虫的办法得到普及，庄稼就有了稳定的收成。庄稼有了化学和生物朋友，就再也不需要害怕这些来自生物界敌人的进攻了。

人们只有认清庄稼的朋友和敌人，掌握其变化、发展的规律，才能更好地为农业生产服务。

阅读鉴赏

庄稼的生长需要很多种营养，只有如此，庄稼才会长得好，长得壮，这些营养又从哪里来呢？还有可恶的细菌会抢夺庄稼的食粮，如果没有各地的朋友施以援手，那庄稼的成长历程可真是崎岖坎坷啊！庄稼也有很多的敌人，它们肆无忌惮地对庄稼进行破坏，直接威胁到庄稼的生命。不过幸好，庄稼的好朋友太多，几个小小的敌人还成不了大器，一般不会对庄稼造成大的伤害。

文章采用拟人的修辞手法，把庄稼成长的有利因素亲切地称为"朋友"，把不利因素称为"敌人"，鲜明生动，让学习枯燥的农业知识的过程变得有趣活泼。在作者的笔下，成功地塑造了一个个庄稼的"朋友"与"敌人"，突出了文章的主旨，引人入胜。

拓展阅读

光合作用

光合作用是植物或者某些细菌经过光的照射，发生暗反应和光反应，然后借助光合色素的帮助，将水和二氧化碳全部转化成有机物，并在转化的同时释放出氧气的过程。

读 后 感

我眼中的细菌世界

赵 凡

　　读完《细菌世界历险记》才发现，世界上还存在着另外一个长期不为人知的世界——细菌世界。细菌世界里生活着丰富多彩的菌类，有帮助人们酿酒的酵母菌，帮助人们消化的乳酸杆菌；同时，也有给人类造成病痛的有害细菌，造成猩红热的溶血链球菌，让人生肺炎的双球菌，还有让很多人都得过流行性感冒的流行性感冒菌！

　　所以，细菌常常是被人厌恶的，深受细菌侵害的人类常常忘记细菌带来的好处，总是记住细菌带来的坏处。在细菌还没有被发现、不能被控制的时代，鼠疫菌和霍乱菌造成了不计其数的人员死亡。到了近代，微生物学终于发展起来了，小小的细菌可就再也藏不住了。

　　本书的主人公是一个小细菌，它自称"菌儿"，有满腹的委屈需要向人类述说。它被人类误会了那么多年，本想悄无声息低调地生活，但是既然人类已经知道了它的存在，为了让人类公正地对待自己的家族，它要向人类诉说它的家庭生活，它是如何生存的，以及它有什么样的能力等。

　　菌儿详细地向人类诉说了它的籍贯、起源，告诉我们它漂泊的旅行生活，哪里有食物它就飘向哪里。它还大方地介绍了它的祖先，连怕火的弱点都告诉人们了，真是无比实在呀！菌儿的命运也够悲惨的，被科学家关到实验室里，折磨得死去活来；然后，又被战争野心家利用，参加了战争。人们一致责怪菌儿的无情，亏得我们人体还为细菌提供食物。菌儿最喜欢的窝就是人和动物的身体了，在这里，它们迅速地生长、繁殖，好不快活。它们的衣食住行可都是要靠人类呀！细菌世界里有着这样一句话："人类的肚肠，是细菌的天堂，那儿有吃不尽的血粮。"细菌，它们可是吃血的小霸王，没准现在菌儿就在你的胃肠里旅行呢！

不卫生的地方就会有细菌繁殖，所以要讲究个人卫生，勤洗手，勤洗澡，不要在不卫生的地方随便吃东西，不能吃半生不熟的食物。如果不保护好自己，细菌就会进入人们的身体，进入呼吸道、食道，占领肠腔等。所以我们一定要把自己保护得好好的。细菌没有可乘之机，我们自然也就不会生病了。

《细菌世界历险记》读后感

陈欣怡

《细菌世界历险记》带领我们走进了奇妙的细菌王国，结识了不少时而可爱、时而狰狞、变幻莫测的细菌朋友，揭开了科学神秘的面纱。

作者高士其爷爷以诗人的情怀与极人性化的笔触，为我们展现了一幅精妙的画卷，让我们在与细菌们零距离接触的同时，沐浴文学的光辉，畅享知识的滋养。

细菌的生活非常讲究，挑三拣四，马虎不得，如果进入了太热或太冷的环境，它们就只能当"瓮中之鳖"，等着结束自己的生命了。细菌是个"大胃王"食谱极广，见花吃花，见草吃草，来者不拒。它们尤其喜欢半生不熟的血，只要一闻到血腥味儿，就张牙舞爪地跑过去，津津有味地吮吸起来。

细菌的身体很小，连一微米都不到，只有在显微镜下才能看到它们小巧玲珑的身体，自然而然，它的重量也很轻。

细菌就像孤独的流浪者，随着清风翩翩起舞，在大气的传送下遨游世界。它们就像一群饥渴的旅行家，贪婪地搜寻着猎物的踪迹。

细菌还是个"双面派"。大家一定都喝过酸奶吧！那酸溜溜的、浓稠的酸奶，就是细菌的杰作。

为此，我还亲自试了呢！我把酵母小心翼翼地放进牛奶里，第二天，它竟然变成了味道绝佳的酸奶。可细菌们总是那么调皮捣蛋，它们在潮湿的面包里安家落户，第二天，这块倒霉的面包就发霉了。

读了这本书我领悟到了很多，更从书中含蓄的文字中看到了作者对祖国的热爱之情。

《细菌世界历险记》读后感

佚名

今年暑假，我读了许多好书，其中让我记忆最深刻的是《细菌世界历险记》这本书，它用生动活泼的语言，带着我游历了整个细菌世界。

这本书的作者是高士其，原名高仕鎮，祖籍福建福州人，他既是生物学家、科普作家，又是诗人、教育家。他运用了第一人称的口吻描写了一个细菌在天空到人的身体，从被科学家抓走到被扔进水中，又从搭蚊子大叔、苍蝇大妈的便车，到乘风直上 5000 米的高空，以诙谐有趣的语言，妙趣横生的比喻向人们传播了医学科学与公共卫生知识。书中的语言不仅形象而清新，既用简明的语句又运用拟人、排比、比喻等多种修辞手法，条理清晰、层次分明地将科学道理阐释出来，虽然饱含专业术语与科学知识，但读起来仍然朗朗上口，趣味盎然。

这本书主要分成三部分：菌儿自传、细菌与人和细胞的不死精神，每一个部分都由许多小故事组成，其中肺港之役，最为吸引我的注意。

这篇故事写出了虽然细菌侵入身体是很困难的，但还是要注意保护身体，否则，身体中的抗体和白血细胞一旦减少，就容易得病了。细菌会使人生病，但却分解垃圾，帮助地球减轻负担。这个故事写出了任何事物都有两面性，都是矛盾的。

读了这本书，让我明白了细菌其实没有那么可怕，它也有它可爱的一面，它可以分解垃圾，还可以制造酸奶、酿酒呢！

《细菌世界历险记》读后感

大家一定都读过很多书吧？那你们最喜欢的是哪一本呢？要是问到我，那我会毫不犹豫地回答：一定是高士其爷爷写的《细菌世界历险记》了。

在《细菌世界历险记》这本书中，高士其爷爷带我们进入一个科学世界，用"菌儿"的口吻，用风趣幽默的语言向我们展现了细菌世界，让我们了解了很多关于细菌的一些知识。

看到"我小得使你们肉眼看得见灰尘的纷飞，也看不见我们也夹在里面漂游。轻得我们好几十万挂在苍蝇脚下，它也不觉得重。真的，苍蝇的眼睛比我都大 1000 倍，一粒灰尘都比我重 100 倍哩。"这段话时，我不得不惊叹，细菌是那么轻。

跟着菌儿，我去了很多很多地方，大海、江河、天空、动物、人体等等的地方。我也知道了许多平常不知道的，不了解的新知识。例如：痰花口沫都是细菌的密集栖身地；人类的肚子和肠里也是细菌的天堂之处；细菌还可以在水中繁殖下去，生活下去……

读了这本书之后，我知道了我们平时要养成良好的生活习惯：饭前饭后要洗手、不吃三无食品、不吃过期食品、尽量少吃剩菜剩饭……这些都是细菌能繁殖，生活下去的地方。在空气质量差的情况下，如下雾、沙尘暴时，尽量少出门或不出门，出门时，一定不要忘记戴口罩。

《细菌世界历险记》让我学到了很多的知识，让我认识了很多细菌。我会细细品味其中的乐趣的。

考点精选

一、填空题

1. 最适合细菌的温度是_____，一旦达到_____，它就不能存活了。

2. 能够帮助人类酿酒的细菌是_____，制作酸奶的细菌是_____。

3. "人生三流"主要指_____、_____和_____。

4. 《细菌世界历险记》主要运用了_____、_____和_____等修辞手法。

二、选择题

1. 下列选项中，哪一种事物需要显微镜才能看到？（　　）
   A. 灰尘　　　　　　B. 细菌
   C. 苍蝇眼睛　　　　D. 蚊子

2. 欧洲 14 世纪黑死病的爆发，是由哪种细菌造成的？（　　）
   A. 霍乱菌　　　　　B. 鼠疫菌
   C. 肺炎双球菌　　　D. 炭疽杆菌

3. 下列关于名著的表述有误的一项是（　）
   A. 《朝花夕拾》是鲁迅的回忆性散文集，里边叙述了许多关于少年时代的往事，全书带有童话寓言式梦幻般的色彩。
   B. 《水浒传》成功地塑造了一大批栩栩如生的人物形象，如"及时雨"宋江、"黑旋风"李逵、"豹子头"林冲等，小说还讲述了大闹野猪林、智取生辰纲、拳打镇关西等脍炙人口的故事。
   C. 《细菌世界历险记》的作者是高士其，以《菌儿自传》为代表，揭示了自然界中微生物的奥秘，阐述了防病、治病、讲卫生的主题；科普童话诗则以浅易优美的诗体，让读者在审美愉悦中了解有关大自然的科学知识。

D. "你以为,因为我穷、低微、不美、矮小,我就没有灵魂没有心吗?你想错了!——我的灵魂跟你的一样,我的心也跟你的完全一样!"简·爱对罗切斯特说的这段话,表现了她独立倔强的个性和追求平等爱情的精神。

4. 下列有关文学常识及课文内容的表述,有错误的一项是（　）

A. 赵普是宋太祖时的宰相。他熟读《论语》,为人严肃刚正,虽然有嫉妒刻薄的毛病,但能以天下事为己任,不愧为一代名相。

B. 消息一般由标题、导语、主体、背景和结语组成,常按照"次重要—重要—最重要"的顺序安排材料。它的写作要求真实、及时、简明。

C.《细菌世界历险记》是高士其的科普选集。本选集所收录作品由科学小品文和科普童话诗两部分构成,这些作品多作于20世纪30至50年代初期,一直受到广大少年儿童的喜爱。

D.《从百草园到三味书屋》《孔乙己》《雪》分别选自鲁迅的散文集《朝花夕拾》、小说集《呐喊》和散文诗集《野草》。

5. 下列文学常识及课文内容的表述,有错误的一项是（　　　）

A. 鲁迅作品的主题有的轻松,如《朝花夕拾》中的《从百草园到三味书屋》、《社戏》叙写的是童趣;有的沉重,如《呐喊》中的《故乡》、《孔乙己》反映的则是社会的病态。

B. 简·爱与罗切斯特步入教堂,即将举行婚礼,梅森先生突然闯进来,宣布婚礼不能进行,原因是罗切斯特已有妻子。故事情节突变,主人公的命运似乎又走向不幸。

C. 莎士比亚的《威尼斯商人》这部喜剧通过尖锐的矛盾冲突,反映了资本主义早期商业资产阶级与高利贷者之间的矛盾,歌颂了仁爱、友谊和爱情,表现了人文主义理想。

D. 在《细菌世界历险记》中,高士其揭去了科学神秘的面纱,用拟人化的手法，通俗易懂的语言，将深奥、神秘的科学讲得形象生动，明白晓畅。他以其诗人的情怀和极具人性化的笔触，为读者展现了一个精妙的科学世界，让读者在与其零距离接触的同时，又能沐浴文学的清辉，乐享知识的滋养。

6. 下列表述有误的一项是（　　　）

A. 在笛福的笔下，鲁滨孙勇敢、乐观、不惧困难。在孤岛上，他积极地与大自然做不屈的斗争，用火枪和《圣经》征服了"星期五"，使其心甘情愿做了他的忠实奴仆。

B.《童年》中的阿廖沙是个善于观察、非常敏感的孩子。在外祖父家里，他饱受欺凌；但在外祖母的细心呵护和许多善良正直的人的影响下，他成长为一个坚强、勇敢、正直和充满爱心的人。

C.《细菌世界历险记》揭示了自然界中微生物的奥秘，阐述了防病、治病、讲卫生的主题，让读者在审美愉悦中了解有关大自然的科学知识。

D.《海底两万里》构思巧妙，情节惊险。它主要讲述尼摩船长为了实现自己的发财梦想，乘坐"诺第留斯号"潜艇在海底探险、寻找沉船宝藏的故事。

三、阅读题

阅读下面一段《细菌世界历险记》的节选，回答问题。

我原本就是一个流浪者。就好比西方的吉卜赛民族，游荡成性，四处为家，到处流浪；又像是东方的游牧民族，和水草相依，随水草搬移；也像那犹太人，丢失了自己的国家，在世界各地到处散居，却能够各自繁荣起来。

1. 从这段话里，可以看出细菌有什么特点？

2. 这段话用了什么修辞手法？

_____

_____

参考答案

一、填空题

1. 37℃　100℃

2. 酵母菌　乳酸杆菌

3. 泪　汗　尿

4. 比喻　拟人　对比

二、选择题

1. B　　2. B　　3. A　　4. B　　5. A　　6. D

三、阅读题

1. 从这段话里，可以看出细菌居无定所、四处为家的特点。

2. 这段话运用排比手法，生动形象地展现了细菌流浪的特性。

编者声明

本书由全国资深教育专家和百位优秀一线教师为广大学子精心制作，在编辑的过程中，我们参阅了一些报刊和著作。但由于联系上的困难，加之部分作者的通信地址不详，一时未能与某些作者取得联系。在此谨致歉意，并敬请作者见到本书后，及时与我们联系，我们将按国家相关规定支付稿酬。

"超级阅读"编辑部

联系电话：010-51650888

邮箱：supersiwei@126.com